不拘泥于传统 不受制于权威

提高创新力

主编 拾月
编著 冯军

图书在版编目（CIP）数据

不拘泥于传统 不受制于权威：提高创新力 / 冯军编著. -- 北京：现代出版社, 2015.4（2024.9重印）
ISBN 978-7-5143-3528-6

Ⅰ.①不… Ⅱ.①冯… Ⅲ.①创造性思维－青少年读物 Ⅳ.①B804.4-49

中国版本图书馆 CIP 数据核字(2015)第 067954 号

不拘泥于传统 不受制于权威：提高创新力

主　　编 拾　月
编　　著 冯　军
责任编辑 王敬一
内文制作 诚美天下文化传播有限公司
出版发行 现代出版社
地　　址 北京市安定门外安华里 504 号
邮　　编 100011
电　　话 （010）64267325
传　　真 （010）64245264
邮　　箱 xiandai@cnpitc.com.cn
网　　址 www.1980xd.com
印　　刷 唐山富达印务有限公司
开　　本 700mmx1000mm　1/16
印　　张 9
版　　次 2015 年 5 月第 1 版　2024 年 9 月第 4 次印刷
书　　号 ISBN 978-7-5143-3528-6
定　　价 57.00 元

前言

每个青少年，都是这个社会中最宝贵的财富，正所谓“少年强则国强”，大至一个民族、一个国家，小至一个家庭、一个家族，都应重视青少年的教育问题。除此之外，也应该重视青少年在这个青春期里，是否能够感受到人世间的善、恶、美、丑。在每个人的人生中，除了需要自身独特的性格之外，还需要拥有感受世界的能力。

人格力、吸引力，能够打造专属个人的名片，扩展人生的宽度。

创新力、竞争力，能够修炼出独特的品性，散发阳光般的魅力。

自控力、成功力，能够时刻反省自身，不脱离人生正常的轨道。

抗逆力、执行力，能够修炼强大内心，提升自身领导能力。

行为、幸福，能够改变一个人的状态，抓住微小之间的幸福。

青春，是每一个人最美好的一段时光，也是每个人人格、性格定型的重要阶段，在这个时期，我们需要享受青春的快乐，同时也需要完成自我塑造。通过心理自助，最终从一个小男生、小女生逐渐成长为一个有着健全人格的人，成长为一个对社会、对家庭、对自我有着相对完整认知的人，成长为能够为自己的未来做主的人。这才是一个最充实、最有价值的青春。每个梦想都值得我们认真对待，每个青少年都是未来的希望。在青春之中，我们不仅要有欢乐，同时也要拥有未来！

本丛书是你化解烦恼的“心灵鸡汤”，可以给你增加快乐的心理自助法则；本丛书会让你认识到：掌控心理，方能掌控世界；改变自己，才能改变一切。本丛书还将告诉你：只有实现积极的心理自助，才能收获快乐而充实的青春。

目录

第一篇 提高认识，不断创新才能提高人生价值

创新力是一个人最大的优势 002

不走出思维定势，最终会被淘汰 006

享受“不走寻常路”的洒脱 012

创新力能使人超越自我 018

有创新才有突破困局的可能 022

第二篇 培养能力，努力做到全方位拓展思维

030 勤于思考迸发创新思维

036 敢于坚持自己的独特见解

042 锻炼自己，不惧怕任何问题

046 观察是创新思维的一扇窗子

052 敢于想象，让创新花样不断

第三篇 积极进取，好心态是创新思维的催化剂

敢做第一个吃螃蟹的人 060

另辟蹊径时请坚定地相信自己 064

创新的路上永无止境 068

注重细节是不可缺少的因素 074

在困难之中不轻易说放弃 080

目录

第四篇 摆脱羁绊，清除阻碍新点子的因素

086 屈从和盲从都是创新的杀手
090 “权威”的事情同样值得怀疑
096 不要总踩着前人留下的脚印
100 学是为了用
104 跳不出可怕的思维定势

第五篇 注重方法，好方法使大脑变得更加聪慧

学会取长补短，选己所需 110
涉猎各方面知识是得以创新的资本 116
不要小看一闪而过的“灵感” 120
多多欣赏别人优秀的创新思维 124
锻炼你的联想能力 128

第一篇

提高认识，不断创新才能提高人生价值

在当今这个科技与知识引领的时代里，缺乏不了创新力，拥有创新力便是一个人在社会中生存的最大的优势。有句话说得好：“改变你的想法，才能改变你的世界。”拥有创新力，就需要跳出思维局限，天地才能宽广。善于在平凡的小事中创意出新的火花，这样的人才能在行业中取得出色的成绩和伟大的成功。

创新力是一个人最大的优势

故事话题

有一个年轻人，头脑十分聪明，大学毕业后他决定自己创业，所有没去任何公司。但是，当时他没多少钱，况且已经毕业，根本不好意思和家里人要钱，只能白手起家。但这些，他都不怕，他凭借着灵活的头脑，在短短的几年时间内，就如愿建成了自己的一家公司，更加喜人的是，公司发展稳定，运行良好。

很多人都很好奇，他是凭借什么赚到自己人生的第一桶金呢？

在最初的一年，他十分辛苦，总是马不停蹄地在寻找商机，用实际行动来证明：“灵感源于汗水”。后来，他打听到一个刚成立不久的厂子制造了一大批收银机，厂长很苦恼，因为他不知道如何去销售这些收银机。于是，年轻人主动找到那个厂长，对他说：“如果你愿意让我购买电子原料，我就订购你一批收银机。”

老板一听，自己的工厂本来就需要电子原料，而且自己正在为这一堆库存发愁呢，有人买，何乐而不为呢？

接着，他又赶忙跑到一家超市，对超市的一位部门经理说："如果你愿意买我的收银机，我就长期和您订购饮料和矿泉水！"

部门经理一听，没有问题啊！反正自己新开的超市根本少不了收银机，这买卖很合适。于是，这位部门经理订购了一大批收银机。这时候，年轻人又跑到一家大型电子原料供应厂，找到负责人说："如果您能让我在这里销售饮料，我就向您订购一批电子原料。"老板一听，让工厂里的人从外面买饮料改成到里面买饮料，用这个机会居然可以卖一批产品，这可真不错！于是点头答应了。

就这样，年轻人把电子原料卖给了制造收银机的厂子，又把收银机成功卖到超市，这样一来，便垄断了电子原料厂的饮料零售市场，可谓是"一箭多雕"，不仅从这几次的"倒卖"中赚了一大笔钱，而且通过这次合作建立起了自己的事业根基。

后来，他的公司越做越大，逐渐涉及到电子产品、食品等方面，并且靠着不断的创新思维，公司业务越来越多，最初他只是单打独斗，不久后就拥有了 100 多名员工。让人不得不佩服他那善于创新的头脑。

故事解析

在当今这个科技与知识引领的时代里，缺乏不了创新力，拥有创新力便是一个人在社会中生存的最大的优势。

在公平竞争的时代里，“天上掉馅饼”的机会只会出现在梦中，有很多人想要发财，于是为此想方设法，如通过买彩票中大奖而得，然而，要知道，中彩票发意外之财的机会也只是上百万上千万分之一……根本不现实。而财富，不要奢求偶然获得，而是要懂得自己创造，而创造的资本就是创新力。

现实地来讲，我们绝大多数人要想有所成就，就必须通过自己的努力，而光努力也还是不够的，还必须要创新，要具备别人不具备的本领，只有这样，成功才会敲响你的大门。

故事穿越

江南春有一次在等电梯的时候，看到电梯门上贴着一张叫舒淇的明星海报，由于他十分喜欢舒淇，于是很想好好地欣赏一下那张海报，但不巧电梯正好这时候来了，江南春不得不走进电梯。

然而，就在电梯门关上的那一刹那，他突然迸发出一个新想法：有多少人像我一样，在这个封闭的空间里看不到自己想看的东西呢？这是人们不方便之处，可别人的麻烦就是我们的商机。而在等电梯的时候也是如此，大家都非常无聊，只能干瞪眼，这时候如果在电梯的壁上放个屏幕，播放点内容，肯定会有很高的“收视率”！

江南春想到这些后，没有迟疑，他马上回到公司，开始着手实践这些想法。为了这个创意能够达成，他付出很多努力，最终成功地实践了创意！如今，在很多城市都可以看到江南春的楼宇电视广告，而江南春的公司现在也因此家喻户晓，它是传媒界的一朵奇葩，那就是分众传媒。

故事微语

很多人往往为相貌抓狂，其实在这个世界上，个性才是美丽的。再好看的服装，如果大街上人手一套，恐怕你也不想穿出去；再漂亮的脸蛋，如果都长一个样，那不成了妖怪扎堆了嘛。我们常常提倡个性化思维，长得要有个性，做人更要有个性，这样才能在茫茫人海中脱颖而出，展现你的光彩。在这个多元化的世界上，只有具备强烈个性的东西才会有生命力，文化艺术是这样，经济也是这样。个性就是天生的优势。我们应该认清自我，扬长避短，洒脱亮出属于自己的个性。

心灵箴言

同是不满于现状，但打破现状的手段却不同：一是革新，一是复古。

——鲁迅

想出新办法的人在他的办法没有成功以前，人家总说他是异想天开。

——[美] 马克·吐温

异想天开给生活增加了一分不平凡的色彩，这是每一个青年和善感的人所必需的。

——[苏联] 巴乌斯托夫斯基

不走出思维定势，最终会被淘汰

故事话题

著名的心算家阿伯特·卡米洛从来没有失算过。

有一天，他做表演时，有人上台给他出了一道题：

一辆载着 283 名旅客的火车驶进车站，有 87 人下车，65 人上车；下一站又下去 49 人，上来 112 人；再下一站又下去 37 人，上来 96 人；再再下一站又下去 74 人，上来 69 人；再再再下一站又下去 17 人，上来 23 人……

那人刚说完，心算大师便不屑地回答道：“小儿科，告诉你，火车上一共还有……”

“不，”那人打断他说，“我是请您算出列车一共停了多少站。”

以心算闻名于世的阿尔伯特·卡米洛顿时呆住了，面色难堪，他没有想到这个人问这么简单的加减法。

这位天才的心算家思考的只是老生常谈的数字，但这组简单的加减法却成了他的“滑铁卢”。

然而，对于真正的“滑铁卢”事件，其主人公拿破仑也有一个鲜为人知的故事。

拿破仑被流放到圣赫勒拿岛，他的一位善于谋略的密友通过秘密方式给他捎来一副用象牙和软玉制成的国籍象棋。拿破仑爱不释手，从此一个人默默地下起了象棋，打发着寂寞痛苦的时光。象棋被摸光滑了，他的生命也走到了尽头。

拿破仑死后，这副象棋经过了多次转手拍卖。后来一个拥有者偶然发现，有一枚棋子的底部居然可以打开，里面塞有一张如何逃出圣赫勒拿岛的详细计划！这位天才的军事家想的只是象棋是用来消遣的，却没有想到象棋里暗藏玄机。

故事解析

青少年朋友们，很多时候，我们的失败，都是败在思维定势上。卡米洛就是陷入了一种思维定势，拿破仑也是如此。在心理学上，我们把按照积累的思维活动、经验教训和已有的思维规律，在反复使用中所形成的比较稳定的、定型化了的思维路线、方式叫做思维定势。

这种现象在我们的工作、生活中都是很常见的。我们每个人都有不同程度的思维定势，并且不管在做事或说话时都呈现出一种惯性状态。无论对待什么事情，都会自然而然地顺着过去的习惯去思考，得出结论，付诸实践。

然而无数事实证明，伟大的创造、天才的发现，都是从突破思维定势开始的。

如果一个人总在自己的思维定势里打转，即使是天才也走不出来。所以，青少年们要注意，打破思维定势，摆脱自我设限才能有所创新，有所突破。

故事穿越

曾经有两个和尚，他们分别住在相邻的左右两座山上的寺庙里，一条小溪从这两座山中流过。两个和尚会在每天的早晨几乎同时下山去溪边挑水，一来二去，他们成了好朋友。

一天，右边山的和尚挑水的时候没有看到左边山上的和尚。他感到非常诧异，因为5年以来，他们没有一天不见面的。这是怎么回事呢？“也许是他早上睡过了头了吧，所以比平时晚一些。”右边山上的和尚这样想。于是，他自己挑着水回到了山上。

第二天，右边山上的和尚已然下山挑水，而左边山上的和尚又没有来挑水。这是怎么回事呢？他不可能连着两天都睡过头吧。“或许他今天正好有什么事情呢？来不了了。”右边山上的和尚这样自言自语道。

但是，接下来的一个月时间里，右边山上的和尚一直都没有见过左边山上的和尚下山来挑水。他想：“除了生病，他应该没有什么理由这么久了一直都不来挑水。他生病了，我作为朋友应该去看看他才对啊！”

于是，他翻过这座山，来到左边的山上，爬到了山上的寺庙中。可是看到眼前的情景，他惊呆了，他有点不相信自己的眼睛：他的老朋友没有病，而是在那里悠闲地打着太极呢。这是怎么回事呢？他实在是不解，于是赶忙上前问道："你已经有一个月没有下山挑水了，你喝的水是哪里来的?"

左边这座山的和尚笑着说："走，我带你去看看。"

于是，两个和尚来到后院，这时，右边山上的和尚看到有一口井，正往外流着清水呢。怪不得他不下山挑水了，原来他自己挖了一口井。

"你是怎么想起来要挖一口井的呢?"右边山上的和尚问道。

"在这5年时间里，我每天闲暇的时候就会来挖这口井，能挖多少算多少。但天天坚持。我之所以要挖这口井是因为我想如果拥有自己的一口井，以后就再也不用下山去挑水了，我可以将挑水的时间用来打我最喜欢的太极拳。"

故事微语

两个和尚，开始的时候都是一样的，两个人同时下山挑水，但是经过5年时间，结果就截然不同了。他们之间的差别，在于一个始终是按部就班，每天做着同样的事情，从不思变；另一个却善于开动脑筋，变通思想，不仅如此，还思考怎么样去改变。

这个故事其实就是人们生活中的一个缩影，有的人每天只知道按部就班地生活，沉溺于已有的生活模式之中，从来不考虑这样的生活方式有什么弊端或者改变的必要；另一种人则善于改变生活习惯，跳出已有的生活模式，寻找一种全新的生活方式。

不走出思维定势，就一定会被社会所淘汰。

青少年作为年轻的一代，应该拥有极强的思变与创新能力。趁着年轻多去尝试，在不断尝试的过程中，实现自己的目标，挖一口属于自己的井。

心灵箴言

能正确地提出问题就是迈出了创新的第一步。

——李政道

人类的创新之举是极其困难的，因此便把已有的形式视为神圣的遗产。

——[德] 蒙森

光看别人脸色行事，把自己束缚起来的人，就不能突飞猛进，尤其是不可能在科学技术日新月异的年代里生存下去，就会掉队。

——[日] 本田宗一郎

享受“不走寻常路”的洒脱

故事话题

很久以前，一个小男孩在他放学回家时，路过一个工地，他看见一个人在工地上指挥着很多人干活。这个人衣着华丽，很有派头，一看就是这个工地的老板。

小男孩看见这个老板洒脱的样子，就走过去问道：“请问你们要在这里盖什么啊？”

“我们啊，要在这里盖一座摩天大楼，用来做一个百货公司。”这个老板模样的人如此回答道。

“我长大以后也要做一个像你这样的老板，可是怎么样才能做到呢？”这个小男孩天真地问老板。

老板略思考一下，说：“首先啊，你要勤奋地工作，接下来啊，你要买一件红衣服穿。”

“买红衣服穿？”小男孩有些不解，又问：“穿红衣服和成功有什么关系呢？”

“你看那边在跟着我干活的人，他们都是穿着清一色蓝色的衣服，因为人太多了，所以我一个也不认识。但是，你再看那个穿红衣服的人，因为只有他一个人穿红衣服，所以我就特别地注意到了他。他的能力其实跟其他的穿蓝衣服的人差不多，但是我能够注意到他也就认识了他，所以过几天就会请他当我的副手。这就是穿红衣服的好处。”老板如此回答道。

“哦，我明白了。”后来这个小男孩在学习和工作中总是刻意地穿“红衣服”，他最终成了一个了不起的人，他就是我们大家都知道的石油大王洛克菲勒。

故事解析

就因为穿了一件与众不同的红色衣服，便引起了老板的注意，并被提拔为副手。这真是红色衣服的吸引力吗？当然不是的。

而是因为，别人都穿着蓝色的衣服，而只有一个人是穿红色的，证明这个人是独一无二的、是不走寻常路的、拥有个性的……

毫无疑问，成功是需要以实力作为前提的，但是在实力等方面都基本相同的情况下，成功还是有捷径可走的。因为大家都走同一路线的时候，都在一条独木桥上拥挤的时候，如果你能够走一段异于常人的路，发挥自己的智慧，就能够发出异于常人的闪光点，进而被人注意，于是，也就有了表现的机会，这样就距离成功更近一步了。

这就是成功人和普通人的区别。

成功者往往不会只对别人走的路感兴趣，他们的注意力往往在别人不关注或者是懒得关注的地方。就是这种别具一格的眼光，让他们得以在千军万马的竞争者中脱颖而出。

刻苦学习、辛勤工作固然是成功的前提，但在同样的实力条件下，如何为自己赢取一个表现机会更是成功的关键。因为有了表现，就有了亮出自己才华的机会，就有赢得别人青睐的机会。否则，你在芸芸众生之中就只是一粒沙子，又如何奢求好运降临在自己头上呢？

如今，创新已经是我们这个时代的一个重要特点，也是一个成功者必备的素质。换一种方式，换一种眼光，换一种视角，你会发现与众不同的奇妙。

故事穿越

在美国得克萨斯州的达拉斯，有一家很有名气的牛排店，它的名字很特别，叫“肮脏牛排店”。

很多人不明白，牛排店取名为“肮脏”，岂不令人倒胃，别人一听这个名还敢光顾吗？然而，事实正好相反，这家店的生意不仅很红火，老板因此发了大财，此外，它后来还成为备受赞誉的成功企业！

“肮脏牛排店”实在太特别了！在这家店里根本不使用电灯，而是用煤油灯，所以身处其境感觉十分灰暗；抬头看，店里天花板上全是很厚的人造灰尘，当然，这种灰尘不会掉下来；四周的墙壁粘有乱七八糟的纸片和布条，还挂有多件破旧的装饰品，如牛绳、锄头、印第安人的毡帽、木雕等；里面的桌椅都是木制的，做工极其粗糙，且都是仿古色的，坐在上面甚至还会听到“吱吱”的响声；厨师和侍者穿的衣服像是从没换洗过的……

“肮脏牛排店”里还有十分醒目的明文规定：顾客不要戴领带进入，否则“格剪勿论”。很多持怀疑态度的顾客貌似不信店家真的这样做，偏

偏系上领带进去试个究竟，让他们没有想到的是，两位小姐此时迎面而来，她们一人持剪刀，一人拿铜锣，只见锣响刀落，他们的领带就这样被剪下了一大段。

站在一旁当班的经理看到此景，马上递给被剪掉领带的顾客一杯美酒，以这种方式给他们压惊，并表示歉意。当然，这杯酒是不收费的，而实际上，这杯酒的价钱足够赔偿顾客的领带损失。而那段被剪下的领带则连同该顾客签了名的名片被贴到墙上留念……

那些被剪了领带的顾客，绝对不会因为店家这个举动而感到生气，相反，他们觉得十分有意思，因为，在别的店里是绝对体会不到的。

“肮脏牛排店”虽伪装肮脏陈设，但其供应的牛排食品却是十分美味的，是让人不能忘记的。也因为如此，其店终年门庭若市，生意应接不暇，收入也十分丰厚，店名因此被广为传播。

故事微语

以“肮脏”二字命名的这家牛排店的确让感到十分惊奇，但这就是一种创新、不落俗套的经营方式，不但调动了人们的好奇心，也起到了很好的广告作用，而且带来了丰厚的经济效益。

其实，早在远古时期，人类就非常渴望创新，而留下来传诵的很多原始的神话和宗教神奇的故事，就充满了神奇的创造故事。

其中，古希腊神话中有个名叫“雅典娜”的智慧女神，传说就是因为她有着无限的智慧，并教给人类进行很多种发明创造的本领。我国古代也有盘古手执双斧，按自己的构想创造出日月星辰、山川田地、草木金石的

神话……这些都是人们追求创新思维，一种渴望前进的表现。

如今社会，新的职业、技术以前所未有的速度不断在前进，人类的思维方式、生活方式和工作方式等也都跟着不断发生变化。不管是我们任何一个人、一个团体，只要是生活在这个世界中，就要面临生存着的各种考验。

落后就要挨打，这是亘古不变的生存法则。

那么，如何发展创新思维，将直接关系到我们的生活是否能够过得更好！因为只有创新才能激活自己的潜在思维和才智，从而激活自己全身的能量。因此，我们都需要用有效的创新来点燃思维的火花，飞越生存的梦想。谁要抓住创新思想，谁就会成为赢家。

心灵箴言

我们每个人都有不同的沸点。

——[美] 爱默生

与众不同，这也是一种时髦，一种社会前进的积极因素。

——陈祖芬

从我手里经过的学生成千上万，奇怪的是，留给我印象最深的并不是无可挑剔的模范生，而是别具特点，与众不同的孩子。

——[苏联] 苏霍姆林斯基

创新力能使人超越自我

故事话题

1893 年，美国芝加哥市有个叫贾德森的工程师，他是个懒人，总是嫌穿鞋时系鞋带太麻烦了，于是，他就在两条布边上镶嵌一个个门形的金属粒子，再利用一个两端开口、前大后小的元件，让它骑在金属牙上，通过它的滑动使两边的金属牙啮合在一起，从而发明了"滑动系牢物"。

他的发明很实用，得到一些人的认可，人们还把这一发明叫"可移动的扣子"。但是，贾德森发明的可移动的扣子虽然有其好处，但也存在着一些严重的缺点，如闭合不妥帖，易自动爆开，所以用途并不大。

20 年后，瑞典工程师纳逊德在贾德森的基础上进行再次创新，经过不断创新和改进，终于使正式的"拉链"诞生了。

拉链是如此的受欢迎，它大大便利了人们的生活，于是，在短时间内就在世界上广泛流行起来。之后，裙子、鞋子、衣裤、枕套、沙发垫、背包、公文包、笔记本……众多物品都用上了拉链。

后来，詹金斯医生还利用这点发明进行了再次创新，使用到医疗方面，发明了"皮肤拉链缝合术"。今天，拉链的用途还在进一步扩展。

故事解析

创新的根本是突破。如果人们突破不了思维，那么创新也会变得渺茫。

创新不是对过去的简单重复和再现，它没有现成的经验可借鉴，更没有一个现成的方法来让人们进行套用，它无处不在，却又难以琢磨，它是在没有任何经验的情况下努力探索的结果，其目标是为未来开辟一条新路。所以说，创新力是一种对现状的突破力。

没有改变就不会有进步，没有对现状的突破也就谈不上创新力的发挥。创新的过程就是不断地突破一个又一个难关的过程。

假如一个人、一个团队、一个公司陷入了困局，那么，身陷其中的话，是被动待命，还是主动突出重围？想必很少有人甘心于受困而不做反抗。然而，相信一个不墨守成规、敢于突破常规的人，在这个时候，一定会调动所有的创新潜能，积极思考、出谋划策，来努力脱离困境。

富有创新精神的人都是不安于现状的人，他们敢于冒着风险和压力冲破层层障碍。当他们突破现状，取得创新的胜利时，他们的人生才会熠熠生辉。

故事穿越

哥伦布是15世纪的著名航海家。他经历了千辛万苦，终于发现了美洲大陆。

对于他的这个重大发现，人们给予了很高评价和很多荣誉。但也有人对此不以为然，认为这没什么了不起，言语中经常流露出讽刺。

一次，朋友在哥伦布家中做客，谈笑中有人提到了哥伦布航海的事情，哥伦布听了，只是淡淡一笑，并不与大家争辩。

他起身来到厨房，拿出一个鸡蛋对大家说：“谁能把这个鸡蛋竖起来？”

大家一哄而上，这个试试，那个试试，结果都失败了。

“看我的。”哥伦布轻轻地把鸡蛋一头敲破了，鸡蛋就竖起来了。

“你把鸡蛋敲破了，当然能竖起来了呀！”人们不服气地说。

“现在你们看到我把鸡蛋敲破了，才知道没有什么了不起，”哥伦布意味深长地说，“可是在这之前，你们怎么都没有想到呢？”

过去讽刺哥伦布的人，脸一下子变得通红。

故事微语

成功者与庸人不同的是，他们能够突破常规思维，超越自我，想别人不敢想，做别人不敢做，只有这样，才能收获不平凡的成果。当然，除了拥有突破思维的能力外，还要付诸行动，没有行动的想法，也只是想想而已，不会有什么作为。

通常情况下，人们按照自己的常规思路，经历了千万次的试验，可能也没有取得成功，而有时候在某一方面作出某些改变，反而轻易取得了成功，其原因就是这些改变当中包含着意想不到的创造性。因此，当你处于“山重水复疑无路”的境况时，不妨试着勇于打破常规，突破现状，这样很有可能会“柳暗花明又一村”。

心灵箴言

保守是舒服的产物。

——[苏联] 高尔基

距离已经消失，要么创新，要么死亡。

——[美] 托马斯·彼得斯

致富的秘诀，在于“大胆创新、眼光独到”八个大字。

——陈玉书

有创新才有突破困局的可能

故事话题

海底有一个瓶子，里面被天神捆着一个巨大的怪兽。这个怪兽曾经许下一个心愿：谁要是能够将这个瓶子打捞上去，并把瓶盖打开，放出我来，我一定要感谢这个人，赠予他一座金山。

可是，500 年过去了，也没有谁将这个瓶子捞起来打开，这令这个怪兽非常懊恼。于是，他又许下一个心愿：从今以后，谁要是把我救了出去，我就会把这个人吃掉！

就在它许下第二个愿望后没多久，有一个年轻的渔夫出海打渔捞出了这个瓶子，并将瓶盖打开了。就在这一瞬间，一股浓烟从瓶子里飘了出来，慢慢地形成了一个巨大的怪兽。这个怪兽大声笑道："年轻人，是你把我从海底的瓶子里救出来的，我本来是要感谢你的，但你来得太晚了，按照我许的愿望，我要把你吃掉。"说完，就张大嘴巴，想要将渔夫吞入嘴里。

渔夫吓坏了，不过，他马上就让自己镇定下来，想：我怎么会遇上《天方夜谭》中的事情呢？于是，他对怪兽说："这么小的一个瓶子怎么能够将你这么大的东西装下呢？你是骗我的吧，如果是真的，你再钻回去

让我看看你说的是不是真的！”

年轻的渔夫以为怪兽会上他的当，谁知怪兽听到后哈哈大笑道：“哈哈，你以为我会上当吗？我早就看到《天方夜谭》了，我如果钻进这个瓶子里，你就会把瓶盖盖上了！”

“你还看过《天方夜谭》？你真是一个博学多才的人啊，那除此之外，你还看过哪些巨著吗？”渔夫问。渔夫只有采取拖延的方式来对付怪兽，等待逃脱的好时机。

“我在瓶子里已经500年了，因为实在是无聊便读完了天下的所有经典著作。不仅是全部的西方著作，就连东方的《大学》《中庸》《孟子》等，我都读过了。”

“那你读过《红楼梦》的手抄本吗？这可是非常难得一见的古籍版本啊！”

“哈哈，你小子太小看我了，这本书的收藏者正是我啊！怎么样，要不我拿出来让你见识一下？”怪兽说得兴奋，一下子就钻进了瓶子里，渔夫见这是千载难逢的好机会，一下用瓶塞堵住了瓶口。

一边是巨大无比，饱读世界名著的怪兽，一边是普普通通的年轻渔夫，但最后的结果却是渔夫战胜了怪兽，为什么？因为渔夫找到了怪兽的弱点，最终四两拨千斤，制服了怪兽。

故事解析

创新意识无处不在，如果渔夫因为怪兽的威猛强大而放弃生的希望，想必就生命就在那一刻走向了终结。然而，渔夫没有轻易放弃。在困难面前，渔夫镇定自若，不慌不忙，不断试探怪兽，在试探中找寻有助于自己脱离困难的方法。

从这个故事中我们能够看出，对待困难要突破思维，方法无处不在，就看你如何运用。在困难面前，要懂得开动脑筋，不断创新方法，即使困难看起来是那么战无不胜，但也一定会有弱点，抓住弱点，你就能够事半功倍地打败它。

一个人的成功离不开挣脱困境的磨炼，在困难面前不要害怕，在挫折中不要后退，积极去寻找能够突破困境的办法，这样一来，你就一定能够取得成功。

故事穿越

“牛仔大王”里维斯的西部发迹史中有这样一段传奇：当年他像许多年轻人一样，带着梦想往西部追赶淘金热潮。

一天，突然间他发现有一条大河挡住了他的西去的路。苦等数日，被阻隔的行人越来越多，但都无法过河。于是陆续有人向上游、下游绕道而行，也有人选择打道回府，更多的则是怨声一片。而心情慢慢平静下来的李维斯想起来曾有人传授给他的一个“思考制胜”的法宝：“太棒了，这样的事情竟然发生必有其因果，必有助于我！”

于是，他来到大河边，非常兴奋地不断重复着对自己说：“太棒了，大河居然挡住我的去路，又给我一次成长的机会，凡事的发生必有其因果，比有助于我！”

果然，他真的有了一个绝妙的创业注意——摆渡。没有人吝啬一点小钱坐他的渡船过河，迅速地，他的人生的第一笔财富居然因大河挡道而获得。

一段时间后，众人效仿，摆渡生意开始清淡。他决定放弃，继续前往西部淘金。来到西部，四处是人，他找到一块合适的空地方，买了工具便开始淘起金来。没过多久，有几个恶汉围住他，叫他滚开，别侵犯他们的地盘。李维斯刚要“理论”一下时，就被那伙失去耐心的人揍了一顿。

无奈之下，他只好灰溜溜地离开。后来，他好不容易找到另一处合适的地方，没多久，同样的悲剧又一次上演，他又被人轰了出来。在他刚到西部的那段时间里，多次被欺侮。终于，最后一次被人打完之后，看着那些扬长而去的背影，他又一次萌生新的想法：淘金不成，但是做别的一定可以！想了一段时间，他决定卖水为生。

西部不缺黄金，但是他势单力薄无法加入，不如去贩卖相对于那里来说较为稀缺的水。他的想法是正确的，他的生意火爆极了！后来，别人又效仿他，并且驱逐他，不让他抢生意。他又一次不能顺利做生意了，但是，他仍旧没有因此而灰心丧气，他又想出了新的方法——西部淘金的人衣服特别容易磨破，同时，他发现那里有很多淘金者留下的破旧的帐篷，于是，他将废弃的帐篷收集起来洗干净，做成世界上第一条牛仔裤！

从此，他一发不可收拾，最终成为举世闻名的“牛仔大王”。

故事微语

李维斯是个坚强的、极富创造力的人，他头脑精明，不轻言放弃，在去西部淘金的过程中遇到了大大小小无数个困难，但他在困难面前，从来没有灰心丧气，而是通过不断萌生的“新”想法创造了一个又一个奇迹，最终成为“牛仔大王”。

青少年们，在遇到困难时也要向李维斯学习，遇事不退缩，要凭借自己的智慧勇往直前，再艰难的困难，最终也会被创新思维所打败。

心灵箴言

一个人应该在自己灵魂深处树立一根标杆，从而把自己个性中与众不同的东西汇集在他的周围，显示出自己鲜明的特点。

——[苏联] 高尔基

不管你的年龄大小，不管你身处什么境况，你都是特别的，你仍然能作出独一无二的贡献。你的生命因你的自我本色而富有意义。

——[美] 芭芭拉·安吉利斯

作出重大发明创造的年轻人，大多是敢于向千年不变的戒规、定律挑战的人，他们做出了大师们认为不可能的事情来，让世人大吃一惊。

——[法] 费尔马

第二篇

培养能力，努力做到全方位拓展思维

培养某个方面能力，才能丰富思维，让大脑得到锻炼，点滴积累拥有创新力的因素，思考能够给人类带来无穷的财富；有独立见解的人往往不容易被他人干扰，而很多惊人的发现都是出自拥有独立见解的人；不惧怕困难的人也是能够勇敢前行的人；拥有观察能力和敢于想象，让创新更精彩！

勤于思考迸发创新思维

故事话题

有一次，拿破仑•希尔去见一位专门以出售主意为职业的教授，但是在拜访时，被教授的秘书拦住了。拿破仑•希尔觉得很奇怪，就直接问道："像我这样有名望的人来见教授，也要挡驾吗？"

秘书显然不吃他那套，淡定地回答："这时候，教授谁也不见，即使美国总统现在来，也要等上2个小时。"

拿破仑•希尔犹豫了一阵，因为他也很忙，也是抽出时间来教授这里的。但是，他仍然决定等2个小时。在2个小时后，教授慢慢出来，希尔立即问他："你为什么要让我等2个小时呢？"

教授回答希尔的大致内容为：

他有一个特制的房间，里面是一片漆黑，十分空荡，只有一张躺椅而已，他每天都会准时躺在椅子上思考2个小时。此时的2个小时，是他创新力最旺盛的2个小时，很多优秀的主意都来自于此时，所以这时候他谁也不见。

听了教授的解释，拿破仑•希尔的内心突然涌起了一股强烈的意念："运用思考才是人生成功的要诀。"由此，拿破仑•希尔写下了使他名扬世界的著作《思考致富》。

故事解析

思考能够给人类带来无穷的财富，没有思考就没有创新，社会就难以进步，我们都需要将自己打造成为具备思考力的人。就像故事中出售主意的教授，在他创新力最旺盛的时间段里，他一定要让自己专注于思考，这个对他来说比见任何重大任务都重要！

牛顿被认为是一切天才中的天才，但是，牛顿小时候却是一个再普通不过的孩子，成绩平平，然而，他酷爱思考，还时常利用其思考力做很多有意义的事情，并不断调动思考来帮助自己进行新事物的创新研发。例如，苹果落地，被砸到的人往往会咒骂一声，自认倒霉，而牛顿却苦思苹果为什么不飞向天而向下落，从而发现了万有引力定律。

莱特兄弟从小就梦想着人类可以像小鸟一样自由飞翔在天空中，于是，他们不断思索，最终发明了飞机。至今，飞机成为人类常用的，且是必不可少的交通工具。达尔文一心沉浸在他的生物研究中，片刻不停地思考生物遗传和发展的问题，最终提出了震惊世界的进化论。

在我们的日常生活中，不怕人们做不到，只怕人们想不到，因为，没有想象，何来行动呢？每个新产品的发明、每个新论点的提出、每个新现象的发现，都离不开最初的“想法”。这个“想法”就是思考。所有目标成就、创新发明都是思考的产物，放弃思考就等于放弃创新，放弃成功。所以，思考力是创新力的核心，思考力的深度决定创新力的高度。

故事穿越

在第二次世界大战中，有一位特别的将军，他总是唯元帅马首是瞻。不管元帅的命令有多么荒唐不可取，他都保持缄默，选择服从。终于，有一天，将军把他叫到营帐里说：“你已经被罢免了。”

将军不明白，问：“为什么？”

元帅回答：“我不需要‘传声筒’将军。因为，这样的将军在战争中无法作出正确的判断，会导致军队的败亡。”

还有一个故事：

洛克在一家贸易公司工作了大约1年时间，对自己低微的职务感到很不满，他总是愤愤地对朋友说：“我在公司的工资最低，老板根本不把我放在眼里，看着吧，早晚有一天我要跟他拍桌子，然后辞职不干了。”

“你对那家贸易公司的业务都清楚吗？”他的朋友问。

“不清楚！”洛克回答。

“那我要劝你先把他们的一切贸易手段、商业文书和公司组织完全搞清楚了，再一走了之。将来去他们的对手公司，击垮他们，不是更出气吗？”朋友说。

洛克觉得朋友的话很对，于是，他一改往日拖拉散漫的习惯，一下子变得认真起来，他认真研究起公司的业务了，对于不好的地方，他积极创新，他的工作越做越好。1年后，两人又偶然遇到了。

朋友这次再问：“你是不是要辞职了？”

迈克不好意思地说：“唉，老板对我刮目相看了，又加薪又升职，现在我已经是公司里的红人了！”

故事微语

一个优秀的将军，要懂得审时度势，分析作战利弊，而不是盲从于上级的指示，因为，他掌管无数个士兵的生命。而一个好职员，在工作时都会习惯性地问自己："怎样才能做得更好?"这种独立性让他们能切实主动地为公司解决问题。

拥有创新思维的人，对待自己的工作一定不会应付差事，而会努力地将当前工作做好，有了这种态度，必然会愿意投入更多的思考，从而将工作做好。

拿破仑·希尔说："思考能够拯救一个人的命运。"事实正是如此，有思考力的人才会有创新力，才能主动掌控自己的命运。懒惰、平庸的人不是不动手，而是不动脑子，这种坏习惯制约了他们走向创新的可能；相反，那些最终能成大事者基本都在此前养成了勤于思考的习惯，善于发现问题，积极进行创新，努力地寻求解决问题的方法，甚至让问题成为改变自己命运的机遇。

思考力是创新力的核心，用积极的思考去进行积极的创新，你的生命将精彩不断。

诺贝尔奖获得者、英国物理学家约瑟夫·汤姆森和欧内斯特·卢瑟福一共培养出了17位诺贝尔奖获得者，而这些天才们有一个共性，就是深刻领悟到如何通过思考去捕获创新机遇，去改变自己的人生轨迹，赢得辉煌的人生。

英国剑桥大学的迪·博诺教授说：“一个人很聪明或智商很高，只是说明他有创新的潜力，并不能说明他很会思考。智力和思考的关系，就好比汽车同司机驾驶技术的关系，你可能有一辆很好的汽车，但如果驾驶技术不好，同样不能把车开好；相反，你开的尽管是一辆旧车，如果驾驶技术高超的话，照样能把车开得很好。”

人人都有思考的机会。当你试着改变自己的思考方式，朝着成功的方向努力时，一切奇迹都有可能出现！具备思考力的人，也是具备强大力量的有能力的人，他们不会盲目跟从，而是选择通过发挥其自身能力为人们指引一条又一条全新的成功之道。

心灵箴言

思考的意思是：亲近自己。

——[西班牙] 乌纳木诺

思考是我无限的国度，言语是我有翅的道具。

——[奥地利] 席勒

“思考”应当走到众人前面去，“愿望”不妨留在后面。

——[美] 富兰克林

敢于坚持自己的独特见解

故事话题

一对住在偏僻乡村的父子，有一天，他们牵着一头驴子到集市上去买东西。刚走到半路，路人中就有人嘲笑他们，说他们太傻，骑着驴多省劲，却要牵着走。

父亲听到后觉得他们说得有道理，便让儿子骑着驴，他自己步行。可是，没走多远，路边又有人对他们指指点点，批评驴上的儿子道：“儿子骑驴，让父亲走路？一看这个孩子就不孝顺！”

孩子听到后心里不是滋味，因为他并不觉得自己不孝顺，是父亲让他骑着驴的，但他还是赶忙下来了，把父亲让到了驴背上。

又向前走了一段路程，人群中又有人对他们批评说道：“看看，这当父亲的，也不知心疼自己的儿子，只顾着自己舒服，让儿子在下面牵驴。”爷俩听到后不禁叹了口气，只好一齐都骑到驴背上。

他们以为这下就不会有人说他们了吧！结果，又有人为驴子打抱不平，说：“天下还有这样狠心的人，你们看，这可怜的驴子都快被压死了！”

父子俩这下没辙了，牵着走不是，谁骑也不合适，这可怎么办才好呢？于是他们索性把驴子绑上，两人抬着驴子走，没想到过桥时，驴一挣扎，坠落河中淹死了。

故事解析

这个故事告诉我们，在做人做事时不要盲从他人的看法，完全按照别人的好恶行事，没有自己的独立思考。

其实，在现实中，有许多人都会犯类似的错误：比如，当你提出一个想法或者是希望为梦想付诸实践时，一定会迎来周围的人所提出的不同的意见，有些意见是善意的，而有些是恶意的。其中，还不乏有些是纯粹的臆想和捏造，但无论如何，这些观点都是他们从自身出发的。

然而，面对这些，如果你不能坚持自己的意见，就会轻易迷失，就像小时候学过的《小马过河》，老牛说河很浅只到脚踵可以过，小松鼠说过不得，有同伴淹死在里面。

面对这种情况，如果我们不能独立思考，过多顾虑别人的看法和议论，犹豫不决，往往会错失良机。做人需要能够独立思考，而不是随波逐流，在关键时刻，一定要坚持自己的想法。

故事穿越

美国汽车大王福特在当初发明了V8型发动机时，没一个人认为他会取得成功，所以，大家都在等着看他的笑话。认为他的想法实在是天马行空、不切实际。

他们这样想也不是没有原因的，因为，许多工程师在经过1年时间的研究后，都毫无结果，所以，即使在努力之后，便纷纷放弃了，认为这是不可行的。

但是，只有福特坚持自己的观点，他觉得这个想法是对的。最终，经历几年的研究，V8型发动机让福特车的销售量位居世界第一，也成了汽车史上的一段佳话。

故事微语

福特的成功不是空穴来风，而是凭借自己的真知灼见，他相信这一研究成果会取得巨大的成就，从而为此不懈努力，即使当时除了他之外的所有研究者都放言这是不可能的，他都没有放弃，而是选择始终相信自己！

福特的坚持，迎来了一个销售传奇，被世人赞扬，美名流传至今。

没有属于自己的独立见解，人生也会暗淡许多。就像每一个老师都喜欢有独特思想的学生，每一个领导都喜欢那些有自己见解的员工一样，因为，他们能给出的思维具备更多的可行性。

就像名侦探福尔摩斯的助手华生，他不断地提出一些错误的、愚蠢可笑的见解，可福尔摩斯不但不反感，还觉这是发现真相的必要手段。

一位老板说："我认为接到指令后就去执行的员工是不会有出息的，因为他们不知道'思考'这两个字有多么重要。"每个公司都需要能够思考的员工，这样的员工在工作中可以积极地完善细节，将工作做得更好。

没有人愿意做死板地按指令行事的机器，不能考虑事情的发展方向和存在问题的员工是不受欢迎的。懒于思考，不会思考，说话办事总是人云亦云、随波逐流、没有独立思考的人，往往一生也不会有多大的成就。但只要你能独立思考，往往很快便可以独当一面。

心灵箴言

慧有三果：一是思考周到，二是语言得当，三是行为公正。

——[古希腊] 德谟克利特

所谓真正的智慧，都是曾经被人思考过千百次；但要想使它们真正成为我们自己的，一定要经过我自己再三思考，直至它们在我个人经验中生根为止。

——[德] 歌德

独立思考能力，对于从事科学研究或其他任何工作，都是十分必要的。在历史上，任何科学上的重大发明创造，都是由于发明者充分发挥了这种独创精神。

——华罗庚

锻炼自己，不惧怕任何问题

故事话题

南非前总统曼德拉在 1962 年被判入狱，在监狱恶劣的环境下，曼德拉度过了 27 个春秋。难以下咽的食物，非人的折磨，与世隔绝的关押……然而这些都没有磨灭他活着的信念，这源于他拥有一套独特的生存秘方——一切磨难都是对自己的锻炼，是丰富自己的宝贵财富。

曼德拉在不足 4 平方米的牢房里，睡的是水泥地，铺的是草席和剑席。尽管曼德拉有远大的理想，有宏伟的抱负，有坚强的意志，可他毕竟是有血有肉的大活人。在这种死一般孤寂的监狱里生存下去实在不容易。

孤寂是一杯难咽的苦酒，像一张无形的魔网，是快乐心情的大敌，使不甘寂寞的心灵备受煎熬。

曼德拉为了保证自己能坚持到出狱那一天，他看到牢房门口是一块岩石，没有泥土，只有一点点风吹过来的尘土。为此，他利用每天一次的放风机会，用手掌摸岩石上的尘土带进牢房，就这样用了足足 3 个月时间一点点地积攒，才在牢房角落收集了巴掌大的一些泥土，随后他不时匀出自己少得可怜的饮用水浇在那块土上。

又过了 40 多天，那块泥土终于长出了苔藓，这是久违了的绿色，是监狱里的又一个活生生的生命，是与自己同呼吸、共命运的朋友。从此，他每天都在观察苔藓的成长与变化，每当他心灵孤寂难耐、生不如死时，他就会坐在苔藓的旁边，静静地注视它，与它交流，这样待上一会儿，他的心情就会平复如初，看到生命的希望，积攒活下去的勇气。

就是靠牢房里这个毫不起眼的唯一的有生命的伙伴，鼓舞了他，让他愈加不怕磨练，逐渐拥有了强大的心灵。

最终，曼德拉在苦熬了 27 年后如愿出狱，并且在出狱后成就了伟大的梦想，他是个受世界人敬仰的领袖。

故事解析

创新的路途不可能总是阳光灿烂，既有成功的喜悦，也有失败的烦恼；既会经历波澜不惊的坦途，更有布满荆棘的险境。

在挫折和磨难面前，畏缩不前的是懦夫，奋而前行的是勇者，攻而克之的是英雄。

在创新的道路上，应该不怕任何逆境，因为，逆境是一片惊涛骇浪的大海，你既可以在那里锻炼胆识、磨炼意志，获取创新宝藏，也有可能因胆怯而后退，甚至被吞没。这一切就看你采取何种态度面对创新路上的种种逆境。

对具有乐观心态的人来说，逆境就不算什么。在挫折和失败面前，他们有永不言败的心态：惭愧而不气馁，内疚而不失望，自责而不伤感，悔恨而不丧志，在失败中踏出一条新路，在逆境中看见创新之光。

故事穿越

有个少年，他的兄弟姐妹7个人，父母虽然很努力地工作，但日子过得还是非常艰辛。没办法，父母决定带着他们回老家生活。没想到途中渡船遇险，船沉没了，少年全家获救，可他们仅有的一点财产却都化为了乌有，他们变得一贫如洗。

回到家乡，少年上了小学。中午，别的同学捧着从家里带来的香喷喷的盒饭吃了起来，少年家穷，准备不起盒饭，他只能咽咽口水，勒勒腰带，悄悄一个人走到水管前喝上一通冷水，把缩成一团的胃给撑开。

少年很自卑，他害怕同学们发现自己这个秘密，喝完水，他不敢看同学们一眼，低着头走进教室，挨过这难熬的中午时光。

为了全家的生活，放学后，别的同学都玩耍去了，少年却不得不去做小生意的母亲那里卖爆米花，少年觉得自己低人一等，他怕碰到熟人，往往把头低得很低。可爆米花又是小孩子们的最爱，来买爆米花的同学特别多，班上的一位漂亮女生来了，她吃惊地看着少年。

少年在女同学的注视下头垂得更低了。为了避免再出现这样的尴尬，少年开始戴顶大大的草帽去卖爆米花，每当有同学过来时，他都把草帽拉得低低的，遮住自己的脸。

少年的举动被母亲发觉了，她知道儿子是难为情了，于是，她拉着儿子的手说："把草帽拿掉，露出脸来，你没偷没抢，靠的是自己的力气赚钱，做的是堂堂正正的事情，这不丢人。要昂起头，挺直腰板来做生意、做人。"

少年看着母亲鼓励而坚定的目光，犹豫了一下，但马上摘掉了帽子。

他慢慢抬起头，感受太阳温暖的光在照射着他的脸，暖暖的，他觉得妈妈说得对，自己应该洒脱一些，因为，只要能够生存就已经很好了，他需要仰起头，努力拼搏，即使现在生活有些拮据，但只要现在不放弃，美好的未来就在不远处。

后来，经过不懈努力，他成为韩国第十七任总统，他就是李明博。

故事微语

在人生的历程中，我们总会遇到很多困难。正因为这些困难和挫折的存在，我们内在的创新潜能才能得到更深层次的挖掘和利用。如果生活总是一帆风顺，那我们自身就不会获得更大的创新进步。所以，逃避困难的行为不仅是不现实的，而且不利于我们自身的进步和发展。因此，我们不应逃避困难，而应以积极的心态主动迎接困难，通过自己坚持不懈的努力最终克服困难、实现创新，这就是执着心态。

卡勒先生说："许多人的失败都应归咎于他们没有恒心。"的确如此。大多数人虽然颇有才情，也具备成就创新的能力，但他们缺少恒心、缺少耐力，只能做一些平庸安稳的事情。一旦遭遇些微的困难、阻力，就立刻退缩下来，裹足不前。可见，不屈不挠、百折不回的执着精神是获得胜利的基础，拥有执着精神的人才能坚持创新。

心灵箴言

从事伟大的事业需要始终不渝的精神。

——[法] 伏尔泰

成功=艰苦的劳动+正确的方法+少谈空话。

——[美] 爱因斯坦

只要有坚强的意志力，就自然而然地会有能耐、机灵和知识。

——[俄] 陀思妥耶夫斯基

观察是创新思维的一扇窗子

故事话题

每个人在洗完澡以后放水时，都会发现浴缸里的水会产生一个个旋涡，因为水从来都是这样旋转着从一个孔洞中漏下去的。不仅放洗澡水如此，大雨天积的雨水也是这样旋转着流入下水道的。

这种现象实在是非常普遍，所以人们在面对这种现象时并没有多想什么。

但是，美国麻省理工学院机械工程系的谢皮罗教授有着与众不同的眼睛，他拥有不同于常人的观察能力。在他注意到浴缸排水时的特殊现象后，马上被这个现象吸引住了。后来，为了能够更加深入地进行研究，他又跑去观察水池放水，发现也有着相似的旋涡。

这是为什么呢？他想，共同的现象一定有着相似的原因。

他联想到赤道上的水，那里会不会有旋涡呢？那里的水将怎样流出？流出的时候会不会打着旋涡？会不会打着同样的旋涡？他又联想到南半球的水会是怎样么样流出的呢？它们又会沿着什么方向打旋涡，和赤道的情况一样吗？

为了这个问题，他不顾危险对赤道进行认真观察，但他发现赤道上的流水根本没有旋涡。

之后，他又来到南半球观察，发现南半球流水有旋涡，而且旋涡的方向正好与北半球相反。北半球是顺时针方向，而南半球是逆时针方向。

他从观察中得出结论：流水旋涡可能与地球的自转有关。同时他也想到，台风、风暴都是流体的运动，空气也是流体。南半球和北半球的风暴也一定是按与水流同样的规律旋转的，北半球和南半球风暴产生的旋涡的方向也将是彼此相反的。

1962 年，谢皮罗发表论文，论述了旋涡现象，并推断出其与地球自转的关系，引起了科学界的极大反响。

故事解析

谢皮罗教授就是一个不折不扣的善于观察的人，这些常见的现象却一直没有引起人们过多的遐想。而谢皮罗教授在看到这个现象后，凭借敏锐的观察力，发现了科学规律。

眼睛被称为“心灵的窗户”，是头等重要的信息输入器官。我们也可以说，眼睛是“创新的窗户”，这里的“眼睛”指的是通过眼睛的观察。

一个人的一生当中要从外界获得亿万的信息，其中75%以上是通过眼睛观察而获得的。创新者因为拥有非凡的观察力而拥有创造成果。所以，我们要善于利用双眼去观察，去发现创新的时机。

故事穿越

1831年，那时的生物学家们顽固地认为，万物是上帝创造的，物种是不变的，从它被创造的那一刻起，就是现在这个样子。同年12月27日，青年达尔文踏上“贝格尔奖”的甲板开始去做环球考察，在考察的过程中，神创论在达尔文的心中逐渐动摇，因为他那双眼睛观察到了新的东西。

有一次，他从海洋中捕捞到许多浮游生物。这些浮游生物非常微小，但数量特别巨大。达尔文在显微镜下观察一阵以后，向自己提出了一个问题：这些低等的生物在大海中只是沧海一粟，如果万物是上帝创造的，上帝创造它们究竟是出于哪种微不足道的目的？

后来，达尔文来到南美大陆，他看到很多古代动物的化石。有些动物已经灭绝很久了，它们早就从地球上消失了，只以化石的形态存在于地下。当然，也有些化石所代表的生物还是存在着的。只是，从这些化石的

特征看，它们与自己的后代也有些不同。

达尔文来到了加拉帕戈斯群岛。这个地方盛产海龟，奇怪的是，不同的小岛上的海龟都不一样。龟甲上的颜色、厚度、拱形的大小都是不一样的，脖子和腿也是长短不一。但是，它们显然属于同一个物种。

达尔文想，海龟为什么不一样？上帝为什么不在各个岛上创造相同的海龟？

后来，达尔文又考察了加拉帕戈斯群岛上的雀类。发现群岛中共有13种雀，它们之间都有亲缘关系。只是，不同的岛上的雀都有各自的特征。有的嘴粗大些，有的细小些，有的吃昆虫，有的吃种子。如果这些岛上的雀也是上帝创造的，上帝为什么要这样创造呢？凭借着这些观察，达尔文产生了诸多疑问，也正是这些疑问促使着他不断发现问题，解决问题，最终成为一位出色的生物学家。

故事微语

达尔文拥有出色的观察力，能够见人所未见，并力排众议和纷扰，他总是通过反复观察，逐渐发现真知，最终，成就了生物进化论的诞生。这不仅为他自己在生物界打开了一扇创新的窗户，也为世界打开了一扇窗，让世界人们吸收到更多的阳光。

此外，阿基米德、爱因斯坦、巴斯德、开普勒与众多科学家、发明家，他们无一不具有超凡的观察力。没有他们善于观察的双眼，也就没有他们的创新成就。

科学家迈克尔·法拉第说："没有观察就没有科学。"在科学发现中，观察扮演了极其重要的角色。人们通过眼睛去观察，但"看见"并不等于"发现"，许多机会都是在我们"看见"却没有"发现"的情况下从我们的眼皮底下溜走的。只有拥有一双雪亮并善于观察的眼睛，才能在宏观的世界和微观的世界中明察秋毫，从而成就创新。

心灵箴言

一切推理都必须从观察与实验得来。

——[意] 伽利略

没有比观察成形期的人更困难的了。

——[法] 纪德

观察、试验、分析是科学工作常用的方法。

——李四光

敢于想象，让创新花样不断

故事话题

“发挥你的想象，画出你的设计，从最简单的设计到最不可思议的想法，你可以尽情地展开想象的翅膀。”这是 1994 年下半年日本索尼公司举办的国际“未来家庭娱乐产品概念设计大赛”的理念。

参加这次比赛的国家和地区有很多，如新加坡、菲律宾、新西兰、澳大利亚、印度、印度尼西亚以及中国等，主要参加者是大、中、小学的学生。其中北京有 8 所高校和 12 所中小学校参与了这次比赛，参与人数是 1566 名。

中国派去参赛的学生当中，有一些是重点学校的尖子生，但是，比赛结果是两个组的冠军、亚军和季军都被其他国家和地区的参赛者拿走，北京赛区的设计作品仅仅只有一项勉强入围，名列少年组 8 个获奖者的最末（纪念奖）位次。这项名为“宇宙旅行健身室”的设计在国内评奖时，被评为第 2 名。

这个成绩的确不是理想的成绩，当然，成绩事小，衍射出来的社会现实却令人深思。相比之下，中国学生的设计，一个是视野狭小，另一个就是设计思维简单、片面，缺乏奇异构想。而国外学生设计的产品展现出来的是那么的奇思异想，让人大开眼界！

如获得冠军的印尼学生的作品对家庭娱乐产品概念的想象和构思，大大超出了地球的范围，专家们称之为“宇宙思维”。

故事解析

想象力是一种宝贵的能力，想象力是具有自由、开放、浪漫、跳跃、形象、夸张等心理活动的特点。具备想象力的人，思维逍遥神驰，想象空间博大，足以超越时空。

想要创新必然离不了想象，想象是创新的前提。想象力概括着世界上的一切，没有想象不可能有创新。

我们发现，不但是学生，在社会工作的青年人、中年人以及老年人都是如此，而且年龄越大，所学知识越多，社会阅历越丰富，想象力就越衰退，创新力也愈衰弱。所以，青少年需要在最好的年龄里，充分地、大胆地发挥想象力，这样的人生才丰富多彩。

故事穿越

1968年，大洋彼岸的美国内华达州曾经发生了一场诉讼案，这场诉讼关注的是学生想象力的问题。

有一天，内华达州一个叫伊迪丝的3岁小女孩告诉妈妈，她认识礼品盒上“OPEN”的第一个字母“O”。这位妈妈感到十分吃惊，就问她是怎么认识的。伊迪丝说：“是薇拉小姐教的。”

这位母亲表扬了女儿学会了新知识之后，便一纸诉状把薇拉小姐所在的劳拉三世幼儿园告上了法庭，这位母亲的理由是这个幼儿园剥夺了孩子的想象力。因为她女儿尹迪丝在认识“O”之前，可以把“O”说成苹果、太阳、足球、鸟蛋之类的圆形东西，然而自从幼儿园教孩子识读了26个字母后，伊迪丝很显然就失去了这种想象能力。

这位母亲要求幼儿园对这种严重的后果负责，赔偿伊迪丝精神伤残费1000万美元。

在这个诉状被递上之后，顷刻间在内华达引起轩然大波。劳拉三世幼儿园认为这位母亲疯了，也有一些家长觉得她太小题大做了，甚至，她的律师也不赞同她的做法，认为打这场官司是浪费精力。

然而，这位母亲却坚持要把这场官司打下去，哪怕是倾家荡产。

在3个月后，这个案件在内华达州立法院正式开庭。结果出人意料，劳拉三世幼儿园败诉，因为陪审团的23名成员被这位母亲在辩护时讲的一个故事感动了。这个母亲是这样讲述故事的：

“我曾到东方某个国家旅行，在一家公园里见过两只天鹅，一只被剪

去了左边的翅膀，一只完好无损。剪去翅膀的天鹅被放养在较大的一片水塘里，完好的一只被放养在一片较小的水塘里。

“当时，我非常不解，就请教那里的管理人员。他们说，这样能防止它们逃跑。我问为什么，他们解释，剪去一边翅膀的天鹅无法保持身体平衡，飞起后就会掉下来；在小水塘里的天鹅虽然没被剪去翅膀，但起飞时会因没有必要的滑翔路程而老实地待在水里。当时我非常震惊，震惊于东方人的聪明。

“可是我又感到非常悲哀，为两只天鹅感到悲哀。今天，我为我女儿的事来打这场官司，是因为我感到伊迪丝变成了劳拉三世幼儿园的一只天鹅。他们剪掉了伊迪丝的一只翅膀，一只幻想的翅膀；人们早早地把她投进了那片小水塘，那片只有ABC的小水塘。”

这段辩护词后来成了内华达州修改《公民教育保护法》的依据。现在美国《公民权法》规定，幼儿在学校拥有两项权利：一是玩的权利；二是问为什么的权利。

故事微语

这位年轻的母亲为了保护女儿的想象力可以站出来打一场官司。她的行为不但强调了想象力对于人类是多么的重要，而且还启示我们：要想创新，要想发展，任何时候都不能丧失想象力。我们要自觉自发地保护我们的想象力，开发想象力。

不会想象的人难于创新。一个人如果缺乏想象力，墨守成规，用标准的尺寸去衡量世界，那么，很可怕，他将会永远看到一个一成不变的世界。他也只能在原地踏步，不会有所创新，更不可能进步。这对于学生、家长、上班族、学校和社会都有很大的启示作用。

心灵箴言

有想象力而没有鉴别力是世上最可怕的事。

——[德] 歌德

心灵与自然相结合才能产生智慧，才能产生想象力。

——[美] 梭罗

科学最伟大的进步是由崭新的大胆的想象力所带来的。

——[美] 杜威

第三篇

积极进取，好心态是创新思维的催化剂

创新思维离不开积极进取的好心态。敢于尝试，在创新之路上最需要讲求细节、“敢第一个吃螃蟹”、不轻言放弃的人。此外，好心态还能促使你在另辟蹊径时懂得坚定地相信自己。这样，不断创新，就离成功不远了。

敢做第一个吃螃蟹的人

故事话题

小泽征尔是世界著名的音乐指挥家。他是日本人，在他成名前，曾经去过欧洲参加音乐指挥家大赛。在比到决赛时，他被安排在最后一位上场。当小泽征尔拿到评委交给的乐谱后，稍做准备，便开始全神贯注地指挥起来。

忽然，他发现乐曲中存在些许不和谐。最开始他以为是演奏出现错误了，于是，他让乐队停下来重新演奏，但是，重新演奏后仍觉得不和谐。

这一来，小泽征尔就觉得是乐谱出现问题了。可是，在场的作曲家和评委会的权威们却郑重声明：乐谱不会有问题，肯定是他出现错觉了。

面对几百名国际音乐界的权威人士，小泽征尔也对自己的判断产生了犹豫，但他考虑再三，坚信自己的判断是正确的。于是，他敢于反驳，即使是面对这么多权威人士。他斩钉截铁地说：“乐谱肯定错了！”

他的声音刚落，评委席上的评委们立即站起来，向他报以热烈的掌声，祝贺他大赛夺魁。

原来这是评委们精心设计的一个圈套，以试探指挥家们在发现错误而权威人士又不承认的情况下，是否能坚持自己的正确判断。因为只有具备这种素质的人，才真正称得上是世界一流的音乐指挥家。而小泽征尔正是凭着自己对音乐造诣的信心和敢于质疑权威的胆识，获得了这次世界音乐指挥家大赛的桂冠。

故事解析

小泽征尔之所以荣获那次世界音乐指挥家的桂冠，就是因为具备“敢第一个吃螃蟹”的心理，他坚信自己，即使是面对那么多权威人士，他也决不示弱，敢于提出自己的见解，并敢于承担后果。

敢于尝试，这份勇气十分可嘉，创新之路上，最需要“敢第一个吃螃蟹”的人，勇闯新路子，往往会给你带来全新的收获。

故事穿越

古希腊有一个“戈迪阿斯之结”的故事。

凡是来到弗里吉亚城朱庇特神庙参观的人，都会被引导去看戈迪阿斯王的牛车。人们都交口称赞戈迪阿斯王把牛轭系在车辕上的技巧。

“只有很了不起的人才能打出这样的结。”有人这样说。

“你说得很对，但是能解开这结的人更加了不起。”庙里的神使说。

“为什么呢？”大家问。

“因为戈迪阿斯不过是弗里吉亚这样一个小国的国王，但是能解开这个结的人，将成为亚细亚之王。”神使回答。

此后，每年都有很多人来看戈迪阿斯打的结。各个国家的王子和政客

都想打开这个结，可总是连绳头都找不到，他们根本就不知从何处着手。戈迪阿斯王死了几百年之后，人们只记得他是打那个奇妙结子的人，只记得他的车还停在朱庇特神庙里，牛轭还是系在车辕的一头。

有一位年轻国王亚历山大，从隔海遥远的马其顿来到弗里吉亚。他曾征服了整个希腊，他曾率领不多的精兵渡海到达亚洲，并且打败了波斯国王。

“那个奇妙的戈迪阿斯结在什么地方？”他问。

于是他们领他到朱庇特神庙，那牛车、牛轭和车辕都还原封不动地保留着原样。

亚历山大仔细察看这个结。他对身边的人说：“过去许多人打不开这个结，都是陷入了一个窠臼，都认为只有找到绳头才能将结打开。我不相信，我不能打开这个结。我也找不到绳头，可是那有什么关系？”说着，他举起剑来一砍，把绳子砍成了许多节，牛轭就落到地上了。

亚历山大说：“这样砍断戈迪阿斯打的所有结子，有什么不对？”

接着，他率领军队征服亚洲，缔造了一个从希腊到印度的空前庞大的帝国。

故事微语

不轻信权威，敢于质疑权威，勇敢地走出一条新路子，这是众多科学家取得成功的原因。正如韩愈告诫过我们的："业精于勤而荒于嬉，行成于思而毁于惰。"我们在学习过程中一定要积极思考，有疑而问。一味地跟从于他人，就永远走不出自己的路。

中国古语云："学贵有疑，小疑则小进，大疑则大进。"杰出的地质学家李四光也有句名言："不怀疑不能见真理。"打开科学史册，凡是有所作为的科学家无一不具有敢于质疑权威的精神。一部人类新历史的诞生、成长以及发展，实际上就是一个不断质疑、推翻、否定权威的过程。

心灵箴言

创新是科学房屋的生命力。

——[美] 阿西莫夫

第一次吃螃蟹的人是很可佩服的，不是勇士谁敢去吃它呢?

——鲁迅

作出重大发明创造的年轻人，大多是敢于向千年不变的戒规、定律挑战的人，他们做出了大师们认为不可能的事情来，让世人大吃一惊。

——[法] 费尔马

另辟蹊径时请坚定地相信自己

故事话题

日本的富士苹果世界闻名，不过因虫害多而被称作用农药做的。不使用农药和肥料的苹果栽培被称为奇迹，而在日本的青森县弘前市的果农木村秋则却让这个奇迹诞生了。

在东京白金台的一家高级发货餐厅里，每天总是人满为患，要预约用餐起码得等上半年。这家餐厅的招牌菜之一，就是“木村先生的苹果汤”。主厨井口久和说：“这种苹果居然不会烂，可能是汇聚了生产者的灵魂吧……”

通常，苹果切开后放置一会儿，很快就会变成咖啡色，然后开始腐烂。然而，井口厨房内切成凉拌、放了两年的木村苹果不会烂，只会枯萎得越来越小，最后变成带有淡淡红色的干果，散发出像水果干般甜蜜的香味。

不施用农药和肥料栽培的苹果而且切开的苹果“不会烂”的奥妙究竟在哪里呢？正当人们感到不解时，答案却在木村先生的苹果园里找到了。

有一次，木村去书店闲逛，看到一本叫《自然农耕方法论》的书，从而产生了纯天然栽培苹果的灵感，从这天开始，木村就不曾在自己的果园里用过一滴农药和有机化肥。

起初，苹果树完全不开花，而且跟病虫害的战斗没完没了地持续着，没有收入，还被看作怪人的日子也一天一天持续着……

但是，木村没有放弃，为了心中的信念，他一直坚持着。就在停止使用农药的第 8 年里，果然开出了朵苹果花，后来 5 个苹果被害虫吃了，仅仅获得了 2 个苹果。这是那一年他全部的收成。但是，结出来的苹果格外好吃。

后来，当有记者问他是如何坚持 11 年的，木村说：“只要当个傻瓜就好，只要实际做做看就知道，为一件事疯狂，总有一天，你可以从中找到答案。”

木村先生只是抱着这种傻瓜精神，苦撑了 11 年时间，才开始有收获的。也许没了这股傻子般一往无前的努力，就不会吃到如此美味的苹果。所以，傻傻坚持也是一种人生大智慧。

故事解析

另辟蹊径时，请坚定地相信自己。木村因为在书店里偶然看到了纯天然栽培苹果，从而激发灵感，希望能够种植出没有农药和任何有机化肥的纯天然无公害的苹果。这个想法在别人看来根本是不可能的，因为，果树本来就很容易招虫害，不打农药似乎不太可能，于是，大家听到他的想法后，都觉得他有些异想天开。

然而，木村没有放弃，他坚定地相信自己通过努力能够种植出这种理想中的苹果树。这个过程是非常艰辛的，但他坚持了 11 年，终于取得了惊人的成果。而他种植出的苹果，风靡于全世界。

故事穿越

诸葛亮还在少年时期，曾和徐庶、庞统等人一起拜水镜先生为师，向先生学习了 5 年时间。学期满了的那天早上，先生把大家召集到一起，和大家说：“从现在起到午时三刻，谁能想出好主意，得到我的许可，走出水镜庄，谁就算学成出师了。”

弟子们陷入了深深的思索之中。

有的弟子说：“庄外失火了！我得出去救火。”先生微笑着摇摇头。

有的弟子谎称：“家有急事，要速归。”先生毫不理睬。

庞统说：“先生，如果你能让我出去，我一定能想出办法。请先生允许我到庄外走走。”先生不为之所动。

眼看午时三刻就要到了。诸葛亮脑子一转，计上心来。只见他怒气冲冲地奔到堂前，指着先生的鼻子破口大骂：“你这先生太刁钻，尽出歪题害我们，我不当你的弟子了！还我5年的学费！快还我 5 年的学费！”

这几句话把先生气得脸色发青，浑身颤抖，厉声喝道：“快把这个小畜生给我赶出去!”

诸葛亮却执意不走，徐庶、庞统好说歹说把他拉了出去。

但是一出水镜庄，诸葛亮哈哈大笑。他捡起一根柴棒，跑回庄内，跪在水镜先生面前说：“刚才为了考试，不得已冒犯恩师，弟子甘愿受罚！”说着，送上柴棒请罪。

先生这才恍然大悟，立即转怒为喜，拉起诸葛亮高兴地说：“为师教了这么多徒弟，只有你真正出师了。”

故事微语

在上面的例子中，我们不难看出诸葛亮的智慧，也从中看到诸葛亮不按牌理出牌、另辟蹊径的思维。“一日为师，终身为父”，尊重恩师是千百年来前人留给后人的经验、教诲，违背的人就是大逆不道，甚至被世人所唾弃。但在解决问题的时候，为什么不对这种经验定式善加利用呢？

水镜先生也深受这种经验的束缚，他绝对没有想到自己的学生会对他语出不逊，在面对学生大不敬的言辞时，他自然是怒火冲天，却不料这正中了诸葛亮的“圈套”。诸葛亮善用经验，跳出经验，为自己的出师开辟了一条新路。

勇敢跳出经验定式，为自己的创新开辟新路。

经验本身没有错，它是前人留下的宝贵财富，对我们来说有很大的指导意义。但我们要在合适的时机用好经验，因为经验会让我们形成一种思维定式。有时候这种思维定式会变成一种枷锁，妨碍我们打开新思路，寻找新方法，时间长了还会削弱我们的创新力。

心灵箴言

先相信自己，然后别人才会相信你。

——[法] 罗曼·罗兰

对于凌驾于命运之上的人来说，信心是命运的主宰。

——[美] 海伦·凯勒

要有自信，然后全力以赴，假如具有这种观念，任何事情十之八九都能成功。

——([美] 威尔逊

创新的路上永无止境

故事话题

世界上，几乎所有大型企业的成就都是来自持续不断的创新力，韩国的三星公司就是其中的一员。1938 年，三星公司成立时只是将朝鲜半岛出产的干鱼、蔬菜和水果出口到中国东北地区和北京市场。后来，它又建厂开始了面粉及糖的生产和销售。

1945 年，朝鲜半岛摆脱了日本的统治，但是三星公司的经济环境仍不稳定，随后爆发的朝鲜战争更给朝鲜半岛的经济发展造成严重的影响。此时，三星公司将它的宏伟蓝图定为重建朝鲜半岛的经济。1951 年 1 月，三星公司迈出了第一步，改变了原有的产品结构，进入了制造业。他们开始用国内生产的产品代替进口产品，为三星公司寻求新的出路，也适应了当时国内对于工业产品的需求。

创新之路逐渐走高……

在经历了1960年的革命和随后的军事政变以后，三星公司作为新兴的财团，逐渐扩大了经营领域，决定在未来进入五个战略性的关键领域——电子、化工、重工业、造船和航空，并成立了五个相应领域的公司。

1969年在公司市场结构转轨的过程中，三星公司创立了三星电子公司。后来，到了1993年，刚刚进入手机市场没多久的三星公司，年销售额就达到了400亿美元。

在进行了几年技术模仿后，三星公司的董事长李健熙意识到，公司进步的唯一途径是从技术的跟随者上升为技术的领导者，而只有通过在所从事的每个领域内都进行不断的创新才能够做到。

而且今天的创新，很可能成为明天超越的对象。要想获得持续长久的成功，除了具备现有的在半导体技术、机械、精加工和大规模生产所具有的优势以外，企业还必须具备品牌影响力、物流和知识产权管理的能力。1993年，三星公司设计了新的企业标识和新的经营策略，后者意在总结过去的经验和教训，回顾它是怎样一步步走向世界的。三星公司开始追求全面的质量驱动和最佳的战略。

随后的7年中，三星公司果然从质量的竞争者转变成了拥有大量技术的领导者。它随后生产的所有产品总是在某一方面具有创新意义，并且处于世界的领先地位。

故事解析

三星公司经过不断的创新思路，逐渐走向了更高的位置，取得显著成就。如今，三星手机在世界各地都十分畅销，很多三星的粉丝都在等待三星能够出新款，好满足他们的购买欲。

亚马逊的总裁贝索斯说：“没有一项科技能够保持永久的领先地位，同样，没有一项创新可以使你保持永久的优势。”从根本上来说，人类也总是喜欢新奇的东西，只有创新，才能吸引人。持续创新不仅是一种策略，也是一种基本需要。

从三星公司的发展之历程可以明确看出，创新绝对不是一劳永逸的事情。如今的创新，很可能就会成为明天超越的对象，我们决不能抱着原有的“创新”不放，而必须长久而持续地挖掘新的创新点。

故事穿越

1941年，日本偷袭珍珠港，美国对日宣战。在美国国内，紧张的战事影响了国民经济的发展，许多企业濒临倒闭，可口可乐公司也不可避免地陷入了经营的困境之中。

当时任可口可乐总裁的是罗伯特·伍德鲁夫，销量的急剧下降让他一筹莫展。然而正是这个巨大的问题，却最终让他看到了巨大的契机，那就是——创造性地让可口可乐“参军”！于是，伍德鲁夫让人印制了大量的小册子——《完成最艰苦的战斗任务与休息的重要性》，向政府、国防部和国会议员赠送。

与此同时，可口可乐公司开展了强大的公关战，让美国陆军部深信可口可乐是“提高士气”的最佳饮品。于是，可口可乐成为美军专用的饮料，由美国国防部提供巨额的人力、物力和财力作为军需品来生产和维持，并且被允许在军队驻地办饮料装瓶厂。

艾森豪威尔将军指挥他的军团登陆北非后，要求补充的第一件军需品不是枪炮之类的武器，而是可口可乐。而且除了300万瓶以外，还要有每天能生产20万瓶的机器设备。巴顿将军更是要求他的军队打到哪里，装瓶厂就必须也随着搬到哪里。

在这场战争期间，美国国内有许多企业都倒闭了，但可口可乐公司凭借着它创造性的新思路非但没有遭此劫难，产量反而直线上升，达到了当时世界上的饮料销量之最，仅是美军就喝掉了100多亿瓶可口可乐。

故事微语

战争的爆发必然会扰乱全国的经济，很多企业处在风雨飘摇的阶段，眼看可口可乐的销量急剧下降，总裁罗伯特·伍德鲁夫开始想办法解决难题。后来，他想到了让可乐"参军"的方法，一下就打开了局面，创造了可乐的销售传奇！

可见，在遇到问题，特别是重大问题时，企业或个人只有创造性的思维，才能从容应对企业发展中的问题，不但使自己转危为安，还能够登上更加辉煌的新台阶！

创新的思路往往就在那些产生麻烦的日常生活中，有时候问题越大，成功的机会也越大。一个时刻保持着创新思维的人，总是能从身边的小事儿中发现问题，并从解决办法中找到商机，成就自己的财路。越是巨大的问题，往往越蕴涵着巨大的创新机会。

心灵箴言

执着追求并从中得到最大快乐的人，才是成功者。

——[美] 梭罗

谁有历经千辛万苦的意志，谁就能达到任何目的。

——[希腊] 米南德

只要持续地努力，不懈地奋斗，就没有征服不了的东西。

——[古罗马] 塞内加

注重细节是不可缺少的因素

故事话题

泰国的东方饭店堪称“亚洲之最”，非常有人气，不提前1个月预订是很难有入住机会的，并且，这里的客人大都来自于西方发达国家。这么吸引人的饭店，一定有出色的经营方式。

东方饭店的经营如此成功的秘诀是什么？一位郭先生入住东方饭店的亲身经历向大家回答了这个问题。

郭先生因为生意上的需要总是要到泰国去出差，第一次下榻东方饭店时，给他的感觉就很不错，再次入住时，他对饭店的好感便迅速升级了。

那天早上，他走出客房去餐厅时，楼层服务生恭敬地问道：“郭先生是要用早餐吗？”他很奇怪，立刻反问道：“你是怎么知道我姓郭的？”

服务生说：“我们饭店有规定，晚上要背熟所有客人的姓名。”

这一行为让郭先生很吃惊，要知道，他住过世界各地许多高级酒店，但这种情况还是第一次碰到。随后，郭先生满意地走进餐厅，这时候，服务小姐微笑着问：“郭先生还是要老位子吗？”

郭先生一听，更是惊讶了！难道他们知道我上次坐的位置？可是，上一次估计是一年前的事情了！难道这里的服务小姐记忆力这么好？看到他惊讶的表情，服务小姐主动解释说：“我刚刚查过电脑记录，您在去年的6月8号在靠近第二个窗口的位子用过早餐。”

郭先生听后才明白，忙说：“老位子！老位子！”小姐接着问：“老菜单，一个三明治、一杯咖啡、一个鸡蛋？”郭先生已不再惊讶了：“老菜单，就要老菜单！”

郭先生就餐时指着餐厅赠送的一碟小菜问道：“这是什么？”服务生后退了两步才说：“这是我们店的特色小菜。”经过询问，郭先生才知道服务生后退两步是怕自己说话时唾沫会落到客人的食物上，这种细致的服务不要说在一般的酒店，就是在美国最好的饭店里郭先生都没见过。

后来，郭先生有两年没有

再到泰国去。可在他生日这天，他突然收到了一封东方饭店发来的贺卡，并附了一封信，信上说东方饭店的全体员工十分想念他，希望能再次见到他。郭先生当时激动得热泪盈眶，发誓再到泰国时，一定要住东方饭店，并且说服他的所有朋友都像他一样选择东方饭店。

故事解析

完美的细节缔造惊人的传奇！郭先生在住过一次东方饭店后，饭店就已经对他“了若指掌”，再次光临时，如老朋友相见，格外亲切，这种感觉的确令人感到温暖。有了两次经历以后，郭先生积极将东方饭店推荐给别的朋友们，希望他们光顾。但如此注重细节，也让东方饭店拥有非常好的口碑，从而聚集了很多老顾客。

这是一个讲究细节的时代，满足于和别人一样好，没有竭力超越别人、争创一流的意识，很难从强手如林的角逐中胜出，而细节处的创新常常是决定成败的关键。

其实东方饭店在经营上没有什么新招、高招，只是向客人们提供人性化的优质服务。在细节处创新，把人性化服务延伸到方方面面，落实到每个细节中去。也因此赢得了顾客的心，当之无愧地在激烈的竞争中夺魁。

从这个故事中我们得到的启示是：要想获得成功，凡事都要比别人多做一点。细节时代已经到来，那些质量粗糙的产品和服务再也不能像以前一样畅通无阻了。只满足于和别人做得一样好，没有争创一流的创新精神，很难在强手如林的角逐中胜出。

管理大师彼得·杜拉克说："行之有效的创新在一开始可能并不起眼。"而这不起眼的细节，往往就会成就创新的灵感，从而让一件简单的事物有了一次超常规的突破。

杜拉克认为，创新不是那种浮夸的东西，它要做的只是某件具体的事。企业要真正达到推陈出新、革故鼎新的目的，就必须要做好"成也细节，败也细节"的思想准备。否则，所谓的创新只能是一句空话。所以，创新不一定是"以大为美"，但绝不能对企业活动中的既不相同却又相互关联的每一个细节掉以轻心。

故事穿越

他是20世纪初叱咤华尔街的金融投资家，与许多投资者不同，他的工作方式不是坐在办公室看大盘，或仔细研究上市公司的盈余统计表。在他看来，这些数字并不代表事实和确定无疑的东西，他坚信只有靠自己问问题，用自己的眼睛观察，才能掌握事实，从而做出正确决策。

他最成功的一个案例，是把当时牛气冲天、被众多投资者和股民看好的爱可森公司股票抛掉，转而购买德拉瓦铁路公司股票，当时这只股票业绩平平，几乎不为人所知。因此可想而知，他的这一举措引起众人的非议与质疑，但后来的事实证明，这是一次具有前瞻性的英明之举，足可以写进华尔街历史。

许多年后，人们谈论这次成功的换股操作，总是忍不住问，到底是什么原因让他这样做。

后来，他解释说："我去拜访爱可森公司总裁，了解公司运营情况。这位总裁先生拿出资料给我看，说明公司经营多么好，财务多么健全。他一边向我解释，一边从办公桌上的文件格里，抽出几张信纸——那时高级的重磅亚麻纸，上面印有精美浮雕的花色图案，这种纸价格昂贵。但是，总裁只是写了几个数字，说明公司赚了多少钱，如何降低营业成本，然后

就把那张昂贵的信纸揉成了一团，扔进纸篓。过了一会儿，他想说明公司为了增加效益而推行一项举措，又顺手拿起一张信纸，写下几个数字，又揉成一团，扔进纸篓。很多钱就这样被浪费掉了。我当时就想：如果公司总裁是这样的人，很难想象他手下会有支厉行节约的团队，也很难想象如何推行他所说的降低运营成本、增加生产效益的举措，于是，我决定卖掉爱克森股票。”

几天以后，就在卖掉埃克森公司股票后，正准备为手中的资金寻找下一家时，因为一次偶然的机会，他去拜访了德拉瓦铁路公司的总裁。

“当我走进办公室时，总裁正在拆信。我注意到，他没有把信封随手丢到纸篓，而是从接缝处撕开，当我向他提问题时，他就在信封背面的空白处写下数字。我这才发现，他的办公桌上有许多这样的信封。后来我知道，这是他的日常习惯，每次信件分类拆开之后，信封不丢掉，而是收集起来做便签用。他不但自己这样做，还下令公司各部门都这样做。这与那位用精美浮雕信纸的爱可森公司总裁真是鲜明对比！与总裁分手后，我一分钟都没有耽误，尽我所能买进德拉瓦铁路公司的股票。”

几个月之后，爱可森公司陷入破产清算的困境，公司股票就像尼加亚拉瀑布，一泻千里。而德拉瓦铁路公司的股票成为华尔街最坚挺、最受投资者和股民喜爱的绩优股。

故事微语

在这个大浪淘沙、适者生存的新经济浪潮中，只有做到创新才能立于不败之地，然而，如何创新可不是一件容易的事情。

关注细节是你拥有创新思维的一个重要方面。故事中的投资者是个细心人，他从两家公司总裁的一举一动、日常养成的行为习惯就能以小见大，判断出很多大方面的事情来，因为爱可森总裁是个浪费的人，那么他所提倡的节约经营成本就成了一纸空话。

而德拉瓦铁路公司的总裁，用实际行动证明了他是个节俭的人，他以身作则，公司里必然也会在他的带领下，决不浪费资源。这样的公司更加吸引投资者的关注。

心灵箴言

细节决定成败。

——汪中求

勿以善小而不为，勿以恶小而为之。

——刘备

祸患常积于忽微，智勇多困于所溺。

——欧阳修

在困难之中不轻易说放弃

故事话题

一组由 7 个探险家组成的团队在高山峻岭中穿行着，一场雨后，十几块巨石忽然从山腰轰然而下，等一切沉寂下来后，7 个探险队员中已经有 6 个被乱石砸死，而剩下的那一个只受了点轻伤。记者问他：“只有你侥幸没有被石头砸中吗？”

探险家摇摇头说：“不是！只因为我面对危险时没有绝望，而是抬起了头，也正因为抬起了头，我避开了巨石的撞击。”

还有个叫哈利的人，不论做什么事总是失败，年轻时，投资了一座镍矿场，结果被矿场经理骗了，一切努力付诸流水；之后，他和朋友合开一家服装店，一样惨败收场；后来靠关系当上了法官，但才做一任，又被免职。

看来哈利注定是个倒霉鬼，连他未来的岳母都劝女儿不要嫁他。但是，哈利却不畏挫折，他抬起头正视挫败，并迎击它，最后终于成功了，它就是哈利·杜鲁门，美国第 36 任总统。

故事解析

面对危险抬起头，不是每一个人都能做得到的。当有人告诉我们头上有东西掉下来时，绝大多数人的第一反应是抱头鼠窜；或是头一缩，眼一闭，接受中弹。危急时刻，只有抬起头勇敢面对、不轻易被困难打倒的人，才有机会远离危险，战胜困难。

人生有许多不可预料的危险与逆境，如果我们总是低头，也许侥幸避开失败，但也就避开了成功。反之，正视每次失败的困境，那么成功就会更近些。

就像杜鲁门总统，他一生经历过很多困难和挫折，每一个似乎打击都不算小，然而，他从没有被任何一个困难所打倒，而是选择迎难而上，坚强地走下去。

故事穿越

史玉柱是中国商界的精英，他的创业传奇可谓是家喻户晓，其中最引人关注的是他从中国财富榜上一夜之间沦为“全国最穷的人”又再铸辉煌的故事。史玉柱在事业中大落大起，持续成功的必然性，在苦难中从不轻言放弃，其中最重要的就是他拥有创新型的营销思维，并把负面舆论变成了成功的契机。

史玉柱善于营销，他曾策划把正在兴建的巨人大厦打造成“全国第一高楼”，为此他投入了自己全部的资金甚至借了大量的外债，终至被拖垮。当时的处境对他来说十分艰难，他负债累累，然而，当人们都认为他会就此倒下时，他却仅仅用了1年就再次站了起来，复出的宣言即是“1亿元还债”。

这次他利用的是绝境中唯一的武器“知名度”，转换了角度把负面的失利影响变成了正面的信任度，利用当时鱼龙混杂的保健品市场，用“脑白金”品牌成功翻盘。既还了债，又做了广告，还树立了良好的社会形象，可谓一石三鸟。

再次成功的史玉柱吸取了以前的教训，他说，他现在每天都提醒自己“也许明天就会破产”，巨人企业的“股价每涨一点，压力就大一点”。史玉柱利用绝境转变思路，靠创新反败为胜的故事再一次印证了“激发潜能靠创新”的科学性，但是史玉柱在“脑白金”之后，推出了“黄金搭档”，接着跨领域做起了网游《征途》《巨人》等产品，而决定这一系列成功的，不是背水一战的偶然胜利，而是一种时刻保持着警惕性、时刻思考着突破创新的成功心态。

故事微语

史玉柱经历大起大落后，最终创造辉煌的故事告诉我们：要永远积极地对待任何事情，即使这件事情已经看起来无比糟糕了，但是，只要你不轻言放弃，就能从看似无用的东西中发掘出它最大的价值，把阻碍发展的困境视为改变的契机。

人生路上充满艰难险阻，但并不是所有人都会被困难绊倒，困难也并非一无是处。只要随时都能以积极的心态面对，绝境之中也会有转机，甚至是一个化被动为主动、化险境为顺境的创业机遇。

正所谓“置之死地而后生”，危机感会激发你最大的潜力，使你拥有无所畏惧的勇气，因此我们要把它当作创新的源泉之一。

人的潜能是无限的，当前有很多成功励志的书讲的其实就是突破自我，激发你的潜在力量。几乎每个成功者在创业中都经历过生死存亡的关头，如果你是像史玉柱那样，可以咬紧牙关挺过来，那么，你就能在绝境中转变思路化险为夷。

心灵箴言

我可以接受失败，但我不能接受放弃！

——迈克尔·乔丹

要从容地着手去做一件事，但一旦开始，就要坚持到底。

——比阿斯

向着某一天终于要达到的那个终极目标迈步还不够，还要把每一步骤看成目标，使它作为步骤而起作用。

——歌德

第四篇

摆脱羁绊，清除阻碍新点子的因素

很多因素都会阻碍青少年塑造创新力的思维，这一点需要引起注意。比如，盲从于他人，自己不愿意多加思索；过度相信权威人士的话或是已经被认可、流传已久的结论；学习知识却不能学以致用以及跳不出思维定势等。只有摆脱这些羁绊，才能走得更远。

屈从和盲从都是创新的杀手

故事话题

现代人类学上还有个“鲦鱼启示录”，倘若仅将鲦鱼的实验拿来解释人类行为，可能不见得完全合理，但就人类与其他生物事实上具有某些共通性的特征而言，鲦鱼的实验为人类至少提供了一个启示：

鲦鱼是一种群居的鱼类，这种鱼它们没有太大的能力去攻击其他鱼类，所以适合于群居。通常，鱼群中都会有一个聪明且活动力强的首领，游在最前方，其他的鲦鱼便追随在它后面，形成一种极有趣味的马首是瞻的生活秩序。

动物行为专家曾做了一个实验，他们将一条鲦鱼的脑部割除，然后将这条鱼放入水中。此时，它不再游回群体，而是任凭自己的喜好游向任何方向。令人惊讶的是，其他鲦鱼这时都盲目地跟随着它，使得这条无脑的鱼成为鱼群的领导者。

故事解析

在这个故事中，最令人惊讶的不是无脑的鲦鱼的行为，而是它身后那一大群跟在后面盲目从众“随大流”的追随者。假如这条不完整的“首领鱼”犯了任何一种错误，肆意游动，很可能会将大部队带领到大鱼活动的区域，那么等待它们的将会是“全军覆灭”。

可见，这对盲从者来说是多么可怕的一件事情。

曾经，有一个人写征婚启事，他对“有意者”的身高提出特别的要求，甚至精确到小数点后两位。有人问他：“身高对于婚姻有什么意义?”

他回答：“别人征婚都有这一条。”

看来，并不是他真的希望自己的另一半的身高是他所规定的那个数字，而是看别人都这样自己也盲目跟从，做出同样的行为，但实际意义却不怎么大。

在很多场合，“别人都这么做”就是“我这么做”的最充分的理由。这似乎成了一条不言自明的公理。但很多人都没有意识到像这样盲目跟在别人后面跑实际上是没有意义的，别人失败你也会跟着失败，别人成功你已时机尽失，等待你的还是失败。

故事穿越

曾经有一个人想要穿越沼泽地，因为这片沼泽地从来没有人走过，所以他便试探着往前走，因为完全是自己摸索着前进，一路上的艰险可想而知。他小心翼翼地左一脚，右一脚，虽然通过这种方式走出了一段距离，但是好景不长，因为沼泽地的路况实在是太过复杂，没过多久他就一不小心陷进烂泥里去了。

没过多久，又来了一个要穿越沼泽的人，他看到前面那个人的脚印，心想：这肯定是某人从这里走出去了，为了不陷进去，我就沿着他的脚印走吧。刚开始的时候，每一步都走得非常踏实，于是他也就放松了警惕，放开脚踏着前人的脚印往前走，最后一脚踏空掉进了烂泥之中。

接着又来了一位要穿过沼泽的人，他看到前面有两个人的脚印，心想这肯定是有人从这里走出了沼泽，于是毫不犹豫地沿着脚印走了下去，结果可想而知。

就这样，一个人接着一个人沿着这个脚印往前走，并且命运都是相同的，那就是都陷进了沼泽烂泥之中。

沼泽地这条通往不归路的脚印，不知道害了多少人，但是从来就没有一个人想要自己真正去探索出一条穿过沼泽地的路来。这便是人性的惰性，是人们盲从前人的结果。

故事微语

在生死边缘上，很多人都不敢相信自己，而是更愿意去相信别人，沿着别人的脚印行走似乎让他们感到更有安全感。但实则不然。生命是自己的，又怎么能轻易相信别人呢？

法国的自然科学家法伯曾经做过一次有趣的“毛虫试验”：

法伯把一群毛虫放在一个盘子的边缘，让它们一个紧跟着一个，头尾相连，沿着盘子排成一圈。于是，毛虫们开始沿着盘子爬行，每一只都紧跟着自己前边的那一只，既害怕掉队，也不敢独自走新路。它们连续爬了7天7夜，终于因饥饿而死去。而在那个盘子的中央，就摆着毛虫们喜欢吃的食物。

毛虫有着一种强烈的“从众倾向”，这是自然界的“盲从”现象。盲目的毛虫最终只能被食物“遗弃”，惨遭“淘汰”。人也是一样。一味盲从，最终难有作为。

心灵箴言

创造难，模仿容易。

——[意] 哥伦布

天才只可体会，但绝不能模仿。

——[法] 狄德罗

如果学习只在于模仿，那么我们就不会有科学，也不会有技术。

——[苏联] 高尔基

“权威”的事情同样值得怀疑

故事话题

公元前2世纪罗马时代，有一个伟大的医学家，名字叫盖伦，他一生写了256本书。在长达1000多年的时间里，西方医学家、生物学家们都一直把他的书及他本人视为至高无上的权威。

盖伦曾经说过：“人的大腿骨是弯的。”于是，大家一直对这件事情深信不疑，认为人的大腿骨就是弯的。后来，有人通过实际解剖，发现人的大腿骨不是弯的，而是直的。真理得出以后，就该纠正盖伦所说的是错误的，然而，因为人们太崇拜盖伦了，没有人愿意相信盖伦是错的。但又明明与事实不符，这该如何解释呢？

最后，大家终于找到了一种说法：这是因为在盖伦那个时代，人们都穿长袍，不穿裤子，人的弯曲的大腿骨得不到矫正，所以就都是弯的。后来人们开始穿裤子，不再穿长袍，这样长期穿裤子才逐渐把人的大腿骨弄直了。

显而易见，由于专业狭隘性等众多原因，很多专家不可避免地也会犯错误。但人们对专家权威的盲目崇拜竟可以达到为他们的错误找借口的程度，即便这个借口是那么的荒唐可笑。

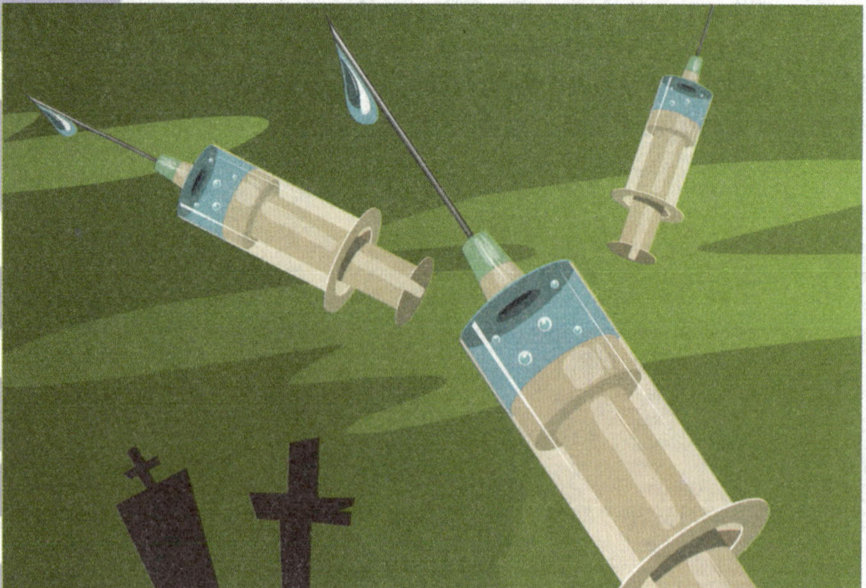

故事解析

挑战权威不是凭借空口白牙说出来的，而是做出来的。当然，想要挑战权威，一定要具备抗住被权威打压的勇气，因而，怯懦者往往无法挑战权威。在权威的“丰碑”面前，很多人会不由自主地失去挑战和超越的勇气：“那么多权威和专家都没能成功，就凭我，能行吗?”

但一个真正有勇气的人，不会这么想。

微软在计算机软件领域绝对算得上是拥有权威地位的，但让人难以置信的是，微软居然也有自己解决不了的难题：它所开发的 Word 软件不能处理所有的科技文档。在科学和信息技术高度发达的今天，这绝对是一个大问题。

微软遂集中了精兵良将想解决这一难题，但苦攻多年，仍然没有结果。然而，就连微软都无法解决的难题，后来竟然被一个中国的勇敢者攻破，他就是湖北恩施的廖兆存。最终他将这一难题一举攻破，这个被誉为“补天石”的技术填补了软件世界的一个空白。

只要具有挑战权威的勇气，普通人也能取得辉煌的成绩。

故事穿越

《大长今》这部电视剧在2005年时曾经风靡中国，其中，里面的主人公长今就是一个勇于挑战、总是会有超出常规想法的女孩。正是因为她这个敢说敢做的性格，从最初的被放逐的罪人，到最后成为了皇帝最信任的御医。

《大长今》中有这样一段故事：

百本对人体的药效极好，几乎所有的汤药之中都要加入百本。早在燕山君时代，百本种子就被带回了朝鲜，其后足足耗费了20年的时间，想尽各种办法栽培，可是每次都化为泡影。

当时在多栽轩有资历的御医告诉长今，朝鲜的土壤不适合种植百本。但是，长今没有停止种植百本的想法，决心要成功种植百本。

多栽轩的人提出质疑，说："百本种植了20年都没有成功，你怎么可能种植成功呢？"

长今心中不服气，她认为，朝鲜到底适不适合种百本，这要在种植之后才知道，不能光听人家说不能种植就不去种植。于是，她开始不断地尝试和探索，不仅一遍遍地用不同方法种植，而且开始翻阅所有关于百本与种植方面的书。

经过不懈努力，她终于成功地种植出了百本，创造了种植百本的方法，她的举动攻破了这个20年都没有人攻破的难题。

故事微语

长今的成功给人们很多启示，最重要的，就是她对于“权威”提出的质疑，相对于听信权威，不如自己试着去尝试，只有自己真正做了，才能知道到底行不行。

无论是“权”还是“威”，都让人既感到压迫又无比威严。在大多数人眼里，权威给出的结论就是盖棺定论。但事实上，权威并不见得就完全正确，也不意味着高不可攀。权威只是说明暂时还没有人走得比他更远。

也正是因为长今没有盲目接受颇为资深的御医的思想，没有轻信权威人士的劝告，所有关于百本不适宜种植的惯性思维在她这里停止，并拐了一个180度的弯。所以，对于青少年来说，应该鼓起挑战权威的勇气，只有这样，你便有可能比任何人都走得更遥远、成就更多。

心灵箴言

丈夫贵不屈，成败何足论。

——陆游

咬定青山不放松，立根原在破岩中。千磨万击还坚劲，任尔东西南北风。

——郑燮

信念只有在积极的行动之中才能够生存，才能够得到加强和磨炼。

——[苏联] 苏霍姆林斯基

不要总踩着前人留下的脚印

故事话题

联通在21世纪初，曾经委托一家著名的专业咨询策划公司为联通CDMA手机做一个策划方案。

这家公司很有影响力，成立较早，于20世纪20年代成立，在全世界拥有70多家分支机构。被美国《财富》杂志誉为“世界上最著名、最严守秘密、最有声望、最富有成效、最值得信赖和最令人仰慕的企业咨询公司”。所以，这家公司的专业权威性让人笃信不疑，大家都相信这家公司的方案在被实施之后会很快取得成效。

当让，联通公司也是这么想的。但是，2002年秋季，在中国移动的强力阻击下，中国联通CDMA的销售在全国范围内陷入了历史性低谷。尤其是福州的市场，从5月到11月这段时间内，福州CDMA的销量仅仅只有2万多部，其中数千部还是靠员工担保送给亲朋好友的。与国内其他城市相比，这个成绩实在是惨不忍睹。

当时一个来自普通广告公司的叫杨少锋的广告策划者，在看到那家全球著名策划公司的方案后，得出了4个字的感想，那就是“不切实际”。

年仅24岁、大学刚毕业两年的杨少锋，竟然斗胆否定了这家权威公司的方案!

因为此时的他，已经有了一套相对完整而又周密的营销计划。中国联通福建省公司的领导经再三权衡后还是接受了他的计划。杨少锋首先通过福州媒体对CDMA进行包装，做足广告，提高了CDMA在当地的认知度。紧接着，又向全国公开提出“手机不要钱”的概念，这种概念在中国来说算是史无前例的。当他吊足了媒体和群众的胃口后，通过赠机方案打开了一片市场，然后快速整合条件资源，通过银行、证券公司组成CDMA战略联盟体，完善足额话费送手机方案。

这一系列的计划制订和方案实施，彻底扭转了福建通信市场的格局，使联通荣登宝座。

故事解析

杨少锋没有被前人早已指明的路所引导，并且敢于叫板世界著名公司策划出来的东西，他不走老路，而是追求创新，提出前人从未提出过的“手机不要钱”概念，打破联通 CDMA 销路难的困局，顺利打开市场，成就联通的销售传奇。

事实证明：再权威的专家也会犯错。权威的企业咨询公司以其专业性、正确性和影响力被大众所推崇和信任。

如果一味盲从专家，不及时去发现、不迅速去纠正错误，那么后果是不堪设想的。所以，我们要做的是像案例中的杨少锋一样，敢于否定专家错误的结论，这样才能为自己的发展打开另一片天地。

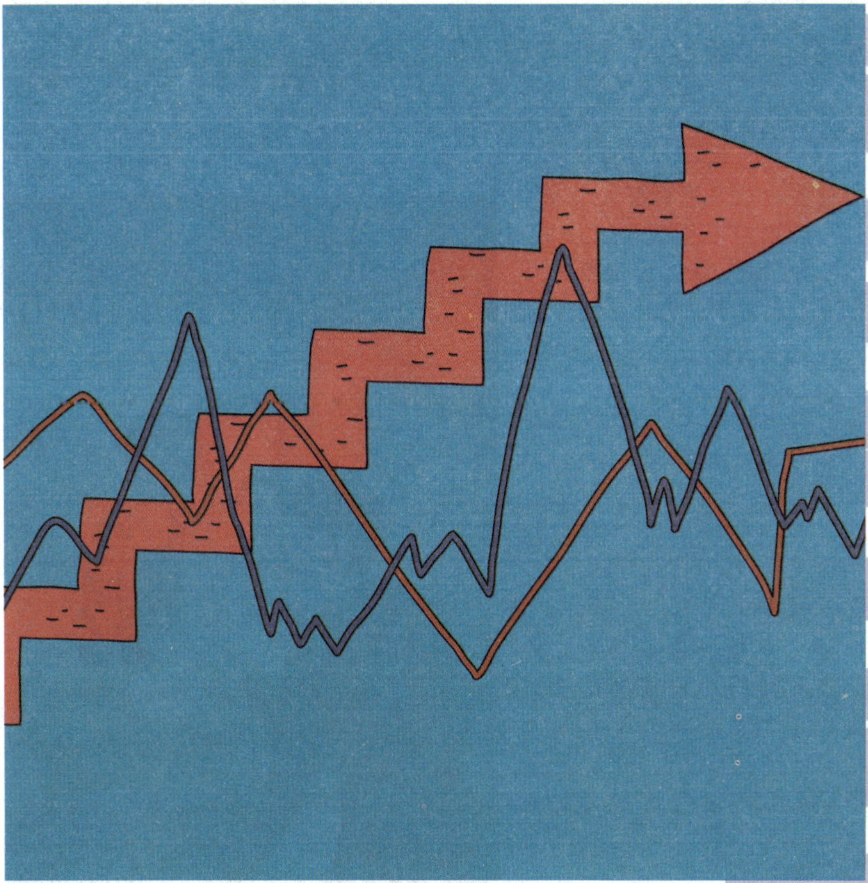

故事穿越

伽利略在上小学时就是班上最聪明的学生，老师和同学都喜欢他，在他的心中，总是充满了各种各样的疑问，他经常询问父亲各种问题，星星、月亮、烟、雾……没有他不问的。随着年龄的增长，他的疑问变得更多了。

他 17 岁的时候，以优异的成绩考上了比萨大学医科专业。有一次上医学课，比罗教授讲胚胎学，他照本宣科地对学生们说："母亲生男孩还是女孩，是由父亲身体的强弱决定的。父亲身体强壮，母亲生男孩，反之便生女孩。"

伽利略刚忙举手发言："老师，你讲得不对，我有疑问！"

此时的比罗教授觉得有失尊严，很不高兴地说："你提的问题太多了！你是个学生，应该听老师讲，不要胡思乱想。"

伽利略反驳道："这不是胡思乱想。我的邻居，男的身体非常强壮，从没见他生过什么病，可他老婆一连生了 5 个女儿，这该怎么解释？"

"我是根据古希腊著名学者亚里士多德的观点讲的，不会错！"比罗教授搬出了理论根据。

伽利略不服气，继续说："难道亚里士多德讲的不符合事实，也要硬说他是对的吗？"

比罗教授无以对答，只好怒气冲冲地威胁说："上课只能听老师讲！你再胡闹下去，我们就要处罚你！"

果然，不久后伽利略就因为这件事情受到了学校的训斥。但他勇于坚持真理，丝毫没有屈服，并从这时起，开始了对亚里士多德学说的质疑与探讨。他深入钻研亚里士多德的著作，常常陷入沉思中。逐渐地，通过努力探索，他将心里的疑问一一找了出来。

故事微语

检验真理的唯一标准是实践，而不是权威。任何以权威自居的人都旨在凭着自己的地位去压制反对意见，所以，权威不一定就是对的，反对意见也不一定就是错的。

伽利略对前人提出的结论总是抱有怀疑的态度，他积极提出质疑，即使引来了老师的反感，但他仍旧坚信真理，为科学建造出一条更为宽广的道路。认识到这些，我们就要敢于以自己不同的意见去质疑权威，这样才有可能跳出权威定式，获取更大的进步。

心灵箴言

走自己的路，让别人去说罢！

——旦丁

世上本没有路，走的人多了便成了路

——鲁迅

凡有真知灼见的人，无论社会如何腐化，政治如何不良，他必独行其是。

——竺可桢

学是为了用

故事话题

有位年轻人想学禅，找到一位著名的禅师。禅师开导他很长时间，可年轻人还是找不到入门的路径。

于是，禅师端起茶壶，朝年轻人面前的碗里倒茶。茶碗已经斟满，禅师还在不住地倒。年轻人终于忍不住，提醒说：“师父，别倒了！茶杯已经装不下了。”

禅师这才停住手，慢悠悠地说：“是啊，装不下了。你也是这样，要想学到禅的奥妙，就必须把头脑腾出空来，把充塞其中的幻象和杂念清除出去。”

听了此言，年轻人当下大悟。

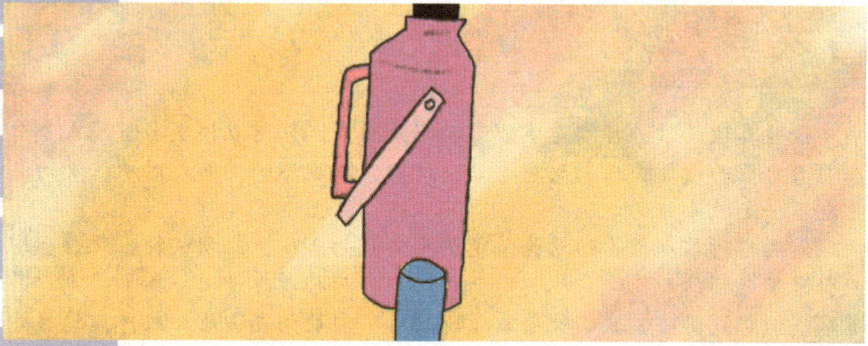

故事解析

很多人，都认为自己已经读过很多书了，已经掌握了很多知识，于是，开始自以为天下无难事。而事实上，这种人大都是属于“学而不思”的书呆子，遇到问题喜欢死搬教条。虽然“学”了很多，却不能“致用”。

所以，这种人读书是只能走进去，不能走出来。这种读死书的人很难有所成就。

“读死书，死读书”都是一种极为失败的学习方法，这样的人只顾埋头苦读，但一般不去思考知识真正给自己带来了什么。也就是说，他们能够做到拼命往脑袋里塞东西，却不会用大脑去消化和吸收。

学习而不思考，这种人不但为书所累，而且容易成为书的奴隶。

故事穿越

爱因斯坦提出相对论后，人们对爱因斯坦的智力很感兴趣，有人拿当时十分流行的“科学知识测验”中的一些题目来考他：

“您记得声音的速度是多少吗？”

“您是如何拥有渊博知识的？”

“您是把所有东西都记在笔记本上并且随身携带吗？”

爱因斯坦回答说：“我从来不携带笔记本，我常常使自己的头脑轻松，把全部精力集中到我所要研究的问题上。至于你问的声音的速度是多少，我必须查一下资料才能回答，因为我从不记在资料上能查到的东西。我在上学时就对那种要学生死记公式、人名、事件的教育十分不满，其实要想知道这些东西，在书本上很容易就能翻到，根本用不着上什么大学。人们解决问题依靠的是大脑的思维能力和智慧，而不是照搬书本。”

故事微语

爱因斯坦之所以能提出那么多新理论，这和他的读书方法有直接关系，他坚决不做读死书的那一类人，更加不会为了那些不值得记忆的东西而浪费时间，他善于放弃和清空死知识，使自己头脑始终保持一种轻松良好的状态，只有做到这些，他才能边读书边思考，不受书本定式的束缚，从而做到将知识进行良好的、有效的运用。

所以，爱因斯坦可以取得他人难以企及的巨大成就。

盲目地崇拜书中的知识，并把书上所述奉为教条、视为宗旨，从而不结合现实进行思考的人，就算一辈子读了很多书，也不能将知识进行合理运用，终其一生，不过是个“书呆子”的虚名。而现实社会不需要这种读书的机器。

我们读书要边读边思，对书分析批判地读，做到取其精华、去其糟粕，这样才能有所进步、有所创新。

读书最最要的就是要注重思考、理解和感悟，死背教条，与思想脱离是一种没有太多意义的行为。顾炎武用“行万里路，读万卷书”来表达自己的主张，可见，将知识运用于实际是多么重要的事情。

心灵箴言

知之而不行，虽敦必困。

——荀子

学者贵于行之，而不贵于知之。

——司马光

博学之，审问之，慎思之，明辨之，笃行之。

——《礼记》

跳出可怕的思维定势

故事话题

埃及总督穆罕默德·阿里奉命讨伐韦哈比人，这一次虽然打了一些胜仗，但还是不能攻破韦哈比政权的中心地带内志，因为那里的军队特别强悍。

一天，穆罕默德·阿里和他的将领们在讨论军队司令人选时，其中的几个将领为此争论了起来，他们都认为自己能够征服内志，自己应该得到指挥权，而不是别人。

穆罕默德·阿里看到他们争论不休，就示意他们停止争论，他拿出一只红苹果，放在大地毯的中央，对将领们说："征服内志的任务十分艰巨，就像我们不能踏上这块地毯而要抓到这只苹果一样。谁能这样抓到苹果，谁才能征服内志。"

将领们一筹莫展，束手无策，只有穆罕默德·阿里的儿子易卜拉欣要求试一试。得到同意后，这位 27 岁的年轻军官走到地毯边，将它慢慢卷拢，卷到地毯中心时，轻而易举地拿到了苹果。于是，父亲便任命他为司令。

经过 2 年奋战，易卜拉欣最终如愿取得了成功。

故事解析

实际上，如果论带兵打仗、浴血战场的经验，27 岁的易卜拉欣肯定比不上那些老将领，但是，易卜拉欣拥有新思维，不像那些老将领们，他们已经被经验禁锢了头脑，所以难以取得胜利。他们的思维活动顺着惯常的轨道进行，自然而然地把“卷地毯”这一脱离常规的做法排除在外，当然就难以找到答案了。可见，初生牛犊也有老牛们比不上的地方。

一般情况下，老牛会根据自己的“经验”和“见识”来对待敌人，知道敌人是多么恐怖，也知道自己难以打得过敌人，于是，在碰见敌人后，自然会想逃跑，而不去想如何去战胜！

故事穿越

一个公安局长在茶馆里与一位老头下棋。正下到难分难解之时，跑来一个小孩，小孩着急地对公安局长说："你爸爸和我爸爸吵起来了。"

这时候，老头就问局长"这孩子是你的什么人?"

公安局长答道："是我的儿子。"

请问：两个吵架的人与这位公安局长是什么关系？

有人曾用这道题对100个人进行了测验，结果只有2个人答对。后来又有人将这道题对一个三口之家进行了测验，结果父母猜了半天没答对，倒是他们在读小学的儿子答对了。

这个问题的答案是：这个公安局长是女的，两个吵架的人一个是她丈夫，另一个是她父亲。

故事微语

当人们听到答案之后，必然会有恍然大悟的感觉，继而想到这个问题其实是这么简单，然而，人们一提公安局长，立刻反映出来的就是这个人是个男的，如果顺着这个思路想下去，想必想再久也难以得出答案。这就是思维定势的可怕之处。

想要摆脱思维定式，就要求我们做到拓展思路，不要让思维轻易被经验所缚。从某种意义上来看，经验是一种指导我们“只能怎样怎样”“绝不应怎样怎样”的行动准则，对很多人来说，经验成了无法跳出的框框，束缚着他们的思维。

青少年自身就具备一种优势，是“敢闯敢干”的代名词。所以，要继续保持初生牛犊不怕虎的勇气和精神，发扬“敢闯敢干”这种精神，这样才能闯出一片新天地。

心灵箴言

思维世界的发展，在某种意义上说，就是对惊奇的不断摆脱。

——[美] 爱因斯坦

对于创新来说，方法就是新的世界，最重要的不是知识，而是思路。

——郎加明

创新应当是企业家的主要特征，企业家不是投机商，也不是只知道赚钱、存钱的守财奴，而应该是一个大胆创新敢于冒险，善于开拓的创造型人才。

——[奥地利] 熊彼特

第五篇

注重方法，好方法使大脑变得更加聪慧

好方法促进创新力的养成，能够让你的大脑变得更加聪慧。方法无处不在，但需要人们积极去发现和实践。能够取长补短，就能不断提高、注重摄取各方面知识来丰富大脑、抓住一瞬的灵感、能够欣赏他人的优势以及可以发挥联想能力等，都是现实可行的方法。

学会取长补短，选己所需

故事话题

他的童年十分不幸，6 岁那年母亲便因病去世，是祖母把他带大。因为经济拮据，他搬了 3 次家，换了 3 个学校。每回考试，他都和倒数名次有缘，同学们都笑他是个白痴，一辈子只能和失败打交道。

他为此感到很自卑。

他每天早起晚睡，只为了能在同学们面前抬一回高贵的头颅，可他还是失败了。中学毕业考试，他的成绩在全校倒数第 7，这意味这他将失去进一步深造的机会。他也想过复读，但想起老师和同学们嘲笑的表情，他害怕了。

毕业典礼这天，他早早就出了门，但没有去学校。他一个人来到公园里，看到一群小孩在草地上玩高尔夫球，他没见过这种东西，出于好奇心，他请求和孩子们一起玩，结果，连续 10 杆，他都打进了洞里。

第一次享受到成功的喜悦，他跑回家高兴地告诉了祖母。接下来几天，他自己做了一根球杆，一个人在草地上练习。祖母也认为他不是一个毫无用处的人，把他带到弗洛尼达州一个职业中学报了名。

返程途中，祖母同他一起去了喜乐运动场，因为那里有异常顶尖级别的高尔夫比赛。但地铁站人太多，他们等了好几班车才有了位子，这时祖母却突然要下车，说她把包忘在了学校里。更让他惊讶不已的是，等他坐地铁来到运动场时，却发现祖母早在那里笑吟吟地等他。

看到他一脸震惊，祖母说："我是走路过来的。地铁站到运动场只隔一座山，做地铁要绕很远的距离，但走路只需拐几个弯就到了。"

接着，祖母又摸了摸他的头，继续说："傻孩子，只要能抵达目的地，又何必拘泥于哪种形式呢？同样的道理，你在学习上没有天赋，但并不代表你不能成就一番大事业。"

他恍然大悟，欣然接受了祖母的安排。在学校里，他修的专业就是高尔夫球，祖母的期望和鼓励，帮他克服了自卑，他便显得异常努力。他的努力没有白费，在 2000 年的佛洛尼达州的职业比赛中，他一举成名。

他就是吉姆•福瑞克，美国最著名的高尔夫球星之一。在一次接受采访时，他谈起了自己成功的秘诀："很多人都以为我将一事无成，但祖母发现了我在运动方面的天赋。她告诉我，成功就好比是大家争前恐后地赶着去一个目的地，如果都去挤地铁，这样人就多，也许得很久才等到自己的位置，就算赶到了也只能远远站在别人后面。既然都只是一个过程，为什么我们不选择其他的方式呢？比如走路，很多时候，只需拐几个弯就能捷足先登。"

故事解析

“没有任何一种成功是可以必然实现的。”吉姆·福瑞克最后说道，“但是只要你敢于放弃你不能的，敢于去坚持你所选择的，成功在拐个弯后就会越来越靠近你。”

吉姆不善于学习，尽管他想要摆脱同学的嘲笑，努力去学习，但成绩还是令他感到失望。他的祖母知道他学习不行，但没有否定他，而是鼓励他开启另一扇窗。此后，吉姆爱上了高尔夫球，祖母也非常支持，最终，吉姆成为美国最著名的高尔夫球星之一。

每个人都有长处和短处，人们要学会坦然面对短处，积极发展长处，而不是因为短处的存在就变得怨天尤人，否定自己，从而愈加没有自信。这是没有必要的。认可自己，发扬长处，你同样会变得更加聪慧。

故事穿越

美国“旅店大王”康拉德·希尔顿，在达拉斯耗资数百万美元建设新旅店，以实现自己的“以得克萨斯州为基地，每年增加一家旅店”的发展计划。但当时由于资金短缺，导致他无奈中途下马。

虽然下马，但希尔顿没有放弃，他想了一个计策，然后去找卖给他地皮的达拉斯大商人杜德，并直截了当地告诉杜德：“旅店工程因缺乏资金，已经被迫停工，无法继续了。”

杜德最初表现得十分不以为然，因为他认为希尔顿没钱盖旅店这件事情，似乎和自己没什么关系。但是，希尔顿接着说：“杜德先生，我来找你是想告诉你，旅店停工对我的确不是什么好事，但你的损失会比我更大。”

杜德听到这句话后突然紧张了起来，问：“我不明白你在说什么？”

希尔顿便向他解释其中的道理：“倘若我向公众透露，旅店停工是因为我想换一个地方盖旅店，那么旅店周围的地价一定会暴跌的。这样一来，情况自然对你不利，你说呢？”

杜德想了想，觉得事实确实如此。于是，共同的利益使杜德不得不同意希尔顿提出的要求：由杜德出钱将那家旅店盖好，然后交给希尔顿，待赚了钱后再分期偿还杜德的借款。

结果，由商人杜德出钱盖成的达拉斯希尔顿大旅店终于如期建成营业了，这使希尔顿的“旅店王国”又向前迈进了一大步。

故事微语

“好风凭借力，送我上青云”，聪明的商人都知道“借势”的妙处。这就是取他人的长处，补自己的短处，这种方式运用起来，会使事情的操作变得容易起来。希尔顿就是认准了形势，但因为自身力量太单薄，没有足够的资金运营，便毫不犹豫地选择了借势。

世界上许多精明的富翁都是靠“借”致富的。因为他们善于借别人的智慧和金钱来突破障碍，铺设自己的成功之路，并达到双赢的效果。

俗话说：“一个篱笆三个桩，一个好汉三个帮。”一个人，必定会势单力薄，然而，多人合作起来，就会变得强大。懂得借力使力，巧妙地运用这一点，你就会在别人的推波助澜之下逐渐向成功的彼岸靠近。

心灵箴言

梅须逊雪三分白，雪却输梅一段香。

——卢梅坡

尺有所短，寸有所长。物有所不足，智有所不明。

——屈原

要在座的人都停止了说话的时候，有了机会，方才可以谦逊地把问题提出，向人学习。

——[英] 约翰·洛克

涉猎各方面知识是得以创新的资本

故事话题

彼得·唐宁斯曾是美国 ABC 晚间新闻的当红主播，但是，他可是一个连大学都没有毕业的人，人们并没有看好他。但是，他把事业作为他的教育课堂。

在当了 3 年主播后，他毅然决定辞去人人艳羡的职位，到新闻第一线去磨炼，从记者做起，进行实践学习。他在美国国内报道了很多不同路线的新闻，并且成为美国电视网第一个常驻中东的特派员。

后来，他前往伦敦，成为欧洲地区的特派员。经过这一系列的历练之后，他再一次回到 ABC 主播的位置。此时的他，已经从当初的初出茅庐的年轻小伙子，成长为一名成熟稳重而又受大家欢迎的资深记者。

故事解析

彼得·唐宁斯是个注重学习全方位知识的人，许多人以为，学习知识只是青少年时代的事情，其实不然，学习是一辈子的事情，并且知识的来源也是全方位的，而不是狭隘的只局限于学校或是其他某一个途径。

想要自己变得更加全面一些，就需要时刻拥有涉猎知识的意识，而且想在学习或生活中创新需要具备的东西还很多，这些东西完全要靠我们在实践中边摸索边学习而来的。在知识经济迅猛发展的今天，我们赖以生存的知识、技能时刻都在折旧。在风云变幻的职场中，脚步迟缓的人瞬间就会被甩到后面。

所以，“活到老，学到老”才是可以让自己变得更强大的有力武器。

故事穿越

在奥斯维辛集中营里，一个犹太人对他的儿子说："现在，我们唯一的财富就是智慧，当别人说一加一等于二的时候，你应该想到大于三。"

纳粹在奥斯维辛毒死了几十万人，但是，这对父子却奇迹般的幸存下来。

1946 年，他们来到美国，在休斯敦做铜器生意。一天，父亲问儿子一磅铜的价格是多少？儿子答 35 美分。父亲说："对，整个得克萨斯州都知道每磅铜的价格是 35 美分，但作为犹太人的儿子，应该说成是 3.5 美元，你试着把一磅铜做成门把看看。"

20 年后，父亲死了，儿子开始独自经营这家铜器店。他做过铜鼓，做过瑞士钟表哂上的簧片，做过奥运会的奖牌，他曾把一磅铜卖到 3500 美元……经历了这么多年的生意生活，此时的他已是麦考尔公司的董事长。

然而，人们没有想到的是，真正使他扬名的，是纽约州的一堆垃圾。

1974 年，美国政府为清理给自由女神像翻新扔下的废料，向社会广泛招标。但是，经过了好几个月的时间，竟然没人应标。当他听说后，迅速飞往纽约，亲自考察了一下自由女神下堆积如山的铜块、螺丝和木料，当时，他没有提任何条件，当即就签了字。

纽约许多运输公司都对他的这一愚蠢举动暗自发笑，因为在纽约州，垃圾处理有严格规定，稍不留神，就会受到环保组织的起诉，从而引来烦人的麻烦。

就在一些人要看这个犹太人的笑话时，他开始组织工人对废料进行分类。他让人把废铜熔化，铸成小自由女神像；把水泥块和木头加工底座；把废铅、废铝做成纽约广场的钥匙。最后，他甚至把从自由女神身上扫下来的灰包装起来，出售给花店，不到 3 个月的时间，他让这堆废料变成了 350 万美元现金，每磅铜的价格整整翻了 1 万倍。

故事微语

在父亲的教育下，他思维广阔，当人们觉得清理自由女神像下面的垃圾是一件费力不讨好的事情时，他却看到了不一样的商机。不得不说，这和他这么多年的生活阅历有关，当然，更要归功于他的创新思维。

当今社会，知识、技能的更新越来越快，如果我们不通过学习、培训进行更新，适应性将越来越差。所以，大多数企业都时刻把目光盯向那些掌握新技能、具备创新力等方面，他们需要能够为企业带来经济效益的人，由此，不虚心求学的人将被淘汰。

新世纪的发展已经表明，未来的社会竞争将不只是知识与专业技能的竞争，更是学习能力的竞争。一个人如果善于学习，他的前途就会一片光明。一个良好的企业团队，要求每一个组织成员都是那种迫切要求进步、努力学习新知识而富有创新精神的人。

心灵箴言

学习，永远不晚。

——高尔基

知识是引导人生到光明与真实境界的灯烛。

——李大钊

少而好学，如日出之阳；壮而好学，如日中之光；老而好学，如炳烛之明。

——刘向

不要小看一闪而过的“灵感”

故事话题

加拿大肖像摄影大师优素福·卡什，曾为罗斯福、丘吉尔、爱因斯坦、海明威、毕加索、海伦·凯勒等政要、名人拍过肖像。这些黑白照片经过岁月的淘洗非但没有黯然失色，反倒愈加放射出夺目的光芒，并成为摄影家们学习的经典范本。

卡什成功的秘诀是什么呢？答案早已经由他本人给出，那就是不仅要拍出被拍摄者的“形”，还要拍出他们的“神”，也就是我们通常所说的“灵魂”。然而，要抓住被拍者的灵魂，可不那么容易，需要拍摄者不断搜寻拍摄灵感，并为此寻找办法。

灵魂是隐藏在每个人身上的难以形容的秘密的一部分，而卡什的工作便是用胶片抓住它。

为了达到这个目的，在每次拍摄前，卡什都要用很长时间思考、观察被拍摄者的深蕴。如果在现场无法捕捉到对方的“灵魂”，他便会采取种种办法，直到将被拍摄者的“灵魂”挖掘出来为止。丘吉尔的肖像，便是这样诞生的。

1941 年底，丘吉尔受加拿大总理之邀访问渥太华。作为加拿大著名摄影师，卡什原想拍出丘吉尔不屈不挠的神态，但他发现丘吉尔始终叼着一支雪茄，神情闲散，与人们所熟知的坚毅、自信的形象一点都不沾边。

为了将丘吉尔的“灵魂”激发出来，卡什想了很多办法都没什么效果，后来，他盯着丘吉尔的雪茄，想要从中找到突破口……突然，他灵光一闪，没错！雪茄！

卡什做出了一个大胆举动。他走上前去，先是恭敬地说了声“对不起，阁下”，然后一把将雪茄从丘吉尔的嘴边扯了下来。丘吉尔被这突如其来的举动激怒了，一下子瞪大了双眼，左手插在腰间。就在这一刹那，卡什按下了快门。

这张题为《愤怒的丘吉尔》的肖像，极为生动地传达出二战时期同盟国的灵魂人物英国首相丘吉尔对法西斯的愤怒和强悍，在媒体刊登后，极大地鼓舞了全世界人民反法西斯战争的斗志。

这一年卡什 33 岁，这副肖像成了他一生中最为经典的作品，并由此奠定了他的摄影大师地位。

故事解析

为挖掘艺术对象的灵魂而寻找灵感，从而采取最富有创意的行为，是所有艺术家不懈追求的目标之一，也是他们能否成功的重要保障。在其他领域，这一点也同样重要。

不要小看那一闪而过的灵感。往往正是因为那一瞬的灵光一闪，就造就了伟大的成果。好的想法不是空穴来风，而是需要人们不断地思考。卡什之所以能够创作出《愤怒的丘吉尔》，正是因为他能够在思考时，捕捉到最为有灵性的一瞬。

故事穿越

美国著名音乐家鲍勃·达林，在19岁的时候去斯蒂夫音乐俱乐部求职，遭到了现场数名音乐人的阻拦。理由是他们还从没见过身体这么虚弱的音乐人，不但气喘，走路似乎随时都可能被一阵风吹倒。

鲍勃·达林生活在纽约最北区的布龙克斯，7岁时得了严重的风湿性心肌炎，医生预言他只能活到15岁。但是他却坚强地挺了过来。

他的父亲遭遇车祸离去后，原本体弱的母亲也因过度忧郁而去世了。由于多难的家境，穷困潦倒的他不得不去音乐俱乐部唱歌，以便利用所得的微薄收入来维持生活兼治病。可是，就连唱歌这碗饭也不好吃，尽管他的音乐天赋极高，但每当主考人一看到他体弱多病的样子，便没有心情对他面试了。

斯蒂夫音乐俱乐部，是鲍勃·达林在布隆克斯最后一个能去的地方了，因为在此之前，他已经去过很多地方，没有一个地方肯收留他。也就是说，如果这里还应聘不上的话，他便只能流落街头当一个乞讨歌手了。

就在鲍勃·达林很不甘心地走出了斯蒂夫音乐俱乐部大门时，他突然灵机一动，回过身来对俱乐部大吼了一声。所有的音乐人都以为来了一只老虎，顿时整个音乐厅里一片混乱，当所有人都安静下来后，才发现，那声老虎的吼声竟然来自这个19岁的体弱少年——鲍勃·达林。

斯蒂夫音乐俱乐部的老板斯蒂夫·布鲁纳正好经过音乐厅，于是当场

拍板留下了鲍勃·达林。原来，鲍勃·达林从小就爱好音乐，还喜欢去树林模仿各种动物的叫声，他学鸟叫时，便会引来很多鸟儿，他学虎叫时，便会吓走很多动物。

但他一般是不会学虎吼叫的，因为善良的他害怕老虎的吼叫声会吓到小动物们。可是，在嘈杂的音乐大厅里，没有人听得到他的鸟鸣声，也是出于无奈，他只能用虎吼声来引起别人的注意了。

没想到，这一声虎吼为他带来了好运，他不但得到了斯蒂夫音乐俱乐部老板斯蒂夫·布鲁纳的赞赏，也得到了许多音乐迷的追捧。一年后，也就是在他20岁的时候，便成为音乐界一颗耀眼的新星。

故事微语

是花朵便要绽放，是太阳便要发光。

人生也是一样，当自己的成绩不被他人认可，甚至产生误解时，当命运不济，身陷绝境时，我们要懂得捕捉头脑中那一闪而逝的灵感，抓住它，就有可能挣脱困境，甚至走向更好的未来。

心灵箴言

灵感，是由于顽强的劳动而获得的奖赏。

——[俄] 列宾

灵感全然不是漂亮地挥着手，而是如健牛般竭尽全力工作的心理状态。

——[俄] 柴可夫斯基

灵感，是天才的女神。她并不步履蹒跚地走过，而是在空中像乌鸦那么警觉地飞过的，她没有什么飘带给诗人抓握，她的头是一团烈火，她溜得快，像那些白里带红的鹤，教猎人见了无可奈何。

——[法] 巴尔扎克

多多欣赏别人优秀的创新思维

故事话题

一次，一位教授对一个商人说：“上个星期，我的伞在伦敦一所教堂里被人拿走了。因为伞是朋友作为礼物送给我的，我十分珍惜，所以，我花了几把伞的价钱登报寻找，可还是没有找回来。”

“您的广告是怎样写的？”商人问。

“广告在这。”教授一边说，一边从口袋里掏出一张从报上剪下来的纸片。

商人接过来念道：“上星期日傍晚于教堂遗失黑色绸伞一把，如有仁人君子拾得，烦请送到布罗德街 10 号，当以 5 英镑酬谢。”

商人说：“我是常做广告的，登广告可是大有学问。您登的广告不行，找不到伞的。我给您再写一个广告，如果再找不到伞，我就买一把新的赔给您。”

商人写的广告见报了。次日一早，教授打开屋门便大吃一惊，原来院子里已横七竖八地躺着六七把伞。这些伞五颜六色，布的绸的、新的旧的、大的小的都有，都是从外面扔进来的。

教授自己的那把黑色绸伞也夹在中间。好几把伞还拴着字条，说是没留心拿错了，恳请失主勿将此事声张出去。

教授把这个情况告诉了商人，商人说：“看来这些人还是老实的。”

你知道商人的广告是怎么写的吗？

商人的广告是这样写的：

“上星期日傍晚，有人曾见某君从教堂里取走雨伞一把，取伞者如不愿意招惹麻烦，还是将伞速速送回布罗德街 10 号为好。否则此君为谁，尽人皆知。”

故事解析

教授用最直接的方式阐述了想要要回雨伞的想法，然而，这种方式并不见效。经常接触这类事情的商人在得知教授的困扰后，提出新的意见。教授听从了商人的意见，最终如愿得到了自己的那把珍贵的雨伞。

从他人观点中发现闪光点，是侧向思维法在生活中的应用。每个人的思维模式都不一样，不同的人对同一个问题都有自己独特的看法。倾听他人的观点，就能知道许多跟自己不一样的思考方法，而且其中一定有值得自己借鉴的东西，从而使自己获得创新的亮点。

故事穿越

有一个年轻人想独立创业，考虑再三，决定开一家服装店。母亲想让他去找他的叔叔求取经验，对他说："你叔叔以前做过好多年生意，现在不做了，但经验还在。你不如去请他传授传授。"

年轻人心想，叔叔做生意是几年前的事了，就算有经验也可能不符合现在了，于是，他没有找叔叔取经，决定按自己的思路做事。

他租了一个临街的门面，周围只有几家食品店和百货店。他想，在这儿开服装店没有竞争对手，生意肯定错不了。没想到，他的创业之路并没有想象中那么顺利，在开业后，他的生意十分冷清。母亲替他请来叔叔，帮忙看看生意不景气的原因。叔叔看了一眼就说："你这地方开服装店不行，周围一家服装店也没有，不招客。"

年轻人奇怪地问："为什么？"

叔叔答道："你的店面小，花色品种有限，对顾客的吸引力不大，再加上没有竞争对手，价格没有比较，顾客怎会愿意来呢？"

年轻人心想：看来叔叔的经验还没有完全过时，说得还是很有道理的。既然这地方"风水不好"，那就只好关门大吉了。后来，他在叔叔的指点下，在另一个地点新开了一家服装店。这回他的生意做得很不错，没过多久就扩大成服装超市了。

故事微语

从这个故事中，我们可以看出，许多人对于向他人征求意见时都会心存顾虑，认为对方的水平还不如自己，这种想法是狭隘的。能够欣赏别人的人，才能从他人身上学到自己需要的品质。

方法综合是系统思维法的一种，它指导我们吸取别人的长处、弥补自己的短处即取长补短。这是人类创新史上流传下来的珍贵的智慧财富。

心灵箴言

慷慨，尤其是还有谦虚，就会使人赢得好感。

——[德] 歌德

我所遇见的每一个人，或多或少都是我的老师，因为我从他们身上学到了东西。

——[美] 爱默生

你的教鞭下有瓦特，你的冷眼里有牛顿，你的讥笑中有爱迪生。你别忙着把他们赶跑。你可不要等到坐火轮、点电灯、学微积分，才认识他们是你当年的小学生。

——陶行知

锻炼你的联想能力

故事话题

1493 年，哥伦布在美洲的海地岛发现一个奇怪的场面，当地儿童喜欢把天然生橡胶像捏泥丸一样将它捏成一团，捏成弹力球。于是，哥伦布将这种树木引入了欧洲。可是，由于这种生橡胶的性能不太好，受热易变形、发黏，受冷又易发脆。所以，即使种植了它，但是它的功能却受到了局限。

后来，美国的一个发明家在橡胶里加入了硫磺，这使橡胶的熔点、牢固度大大增强。之后，又有人在橡胶中加入了炭黑，使之更加耐磨，于是橡胶的用途日益增加……

在苏格兰有一家用橡胶生产橡皮擦的工厂。一名叫马辛托斯的工人，想要端起一大盆橡胶汁往模型里倒。不料脚被绊了一下，橡胶汁淌了出来，浇到了他的衣服上。下班后，马辛托斯不得不穿着这件被橡胶汁涂满了一大块的衣服回家。正巧，回家的路上遇到了大雨，等到他回家换衣服时，惊奇地发现，被橡胶汁浇过的地方，竟没有渗入半点雨水。

善于联想的马辛托斯立即想到，如果把衣服全部浇上这种橡胶汁，那不就变成了一件防雨的雨衣了吗？就这样，雨衣也就应运而生。

故事解析

联想能够促使新的发现与新的发明，促使人类创新，所以，人们在生活中不能缺少联想行为。当然，有联想却没有行动也是不行的，德国哲学家黑格尔说："最大的天才尽管朝朝暮暮躺在青草地上，让微风吹来，眼望着天空，温柔的灵感也始终不会光顾他。"

将联想付诸于行动，伟大的发现与发明往往源于此行。

故事穿越

相传古时有一位皇帝曾以“深山藏古寺”为题，招集天下画匠作画。最后选了3幅画。第一幅画在万木丛中显露出古寺一角；第二幅画在景色秀丽的半山腰伸出了一根幡；第三幅画只见一个老和尚从山下溪边挑水，沿着山路缓缓而上，而远处只见一片山林，根本无从寻觅寺庙踪迹。

皇帝找大臣合议后，最终选了第三幅画。为什么要选第三幅画呢？因为“深山藏古寺”的画题虽然看似简单，但却包含一个“深”和一个“藏”字。这就需要画家去思考，看如何将这两个意思体现出来。

第一幅画太露，“万木丛中显露出古寺一角”，体现不出“深”“藏”的意思；第二幅似乎好一些，但一根幡仍然点明此处是一座庙宇，只不过被树丛包围，一下子看不到全貌而已，仍然达不到“深”“藏”的要求；第三幅画以老和尚挑水体现老和尚来自“古寺”，而老和尚所要归去之处即寺庙，却“只在此山中，云深不知处”，足以见此“古寺”藏在深山中。

看到此画的人莫不惊叹作者巧妙的构思和奇特的想象，而这幅画也当之无愧地独占鳌头。

故事微语

这个故事给我们最大的启发是第三幅画的作者在构思这幅画时运用了丰富的联想，使人从“和尚”自然联想到“寺庙”；从“老和尚”再进一步联想到这座寺庙年代已经很久远了，是座“古寺”；从老和尚挑水沿着山路缓缓而上，而远处只见一片山林不见寺庙，联想到这座“古寺”被深深地藏在山中。

正因为该画的作者运用了意味无穷的联想思维，让我们的想象能跨越时空的限制，才使见到此画的人为其巧妙的构思和画的意境所折服。

由此可见，联想的妙处就在于它可使我们从一而知三。

心灵箴言

想象是灵魂的眼睛。

——[法] 儒贝尔

精神的浩瀚、想象的活跃、心灵的勤奋：就是天才。

——[法] 狄德罗

大艺术家就是那些将个人的想象力强加给全人类的人们。

——[法] 莫泊桑

心灵榜样微史话

霍夫曼斯塔尔

霍夫曼斯塔尔（1874—1929），奥地利作家，诗人。1874 年 2 月 1 日生于维也纳，父亲是银行家。16 岁开始发表作品。其诗优美的抒情、迷人的语言和梦幻的情调立即引起轰动，被称为新浪漫主义神童。

霍夫曼斯塔尔是德语文学 19、20 世纪之交唯美主义和象征主义的重要代表。他受尼采、马赫、弗洛伊德等人的影响，同时又受到资产阶级人道主义精神和欧洲基督教文化传统的熏陶，在思想和创作中都表现出复杂而深刻的矛盾。

1891 年，他在维也纳结识德国诗人格奥尔格，深受其唯美主义文艺思想的感染。

早期的创作在艺术上刻意求工，诗歌语言优美而富音乐性，剧本中的对话都用典雅的诗句，情节与人物形象都带寓意性和象征性；但内容脱离现实，往往通过生与死、苦与乐的矛盾这类“永恒”主题抒发内心的感受，情调感伤、抑郁，表现了对于世事无常和对死亡的悲叹。

布列松

亨利·卡蒂埃·布列松，法国人，世界著名的人文摄影家，决定性瞬间理论的创立者与实践者。被誉为“现代新闻摄影之父”。

布列松认为，摄影作品承担着重要的社会责任，每个摄影师都应深具尊严感，都应意识到：无论一幅摄影作品画面多么辉煌、技术多么到位，如果它远离了爱，远离了对人类的理解，远离了对人类命运的认知，那么它一定不是一件成功的作品。

布列松的立意是高远的，但他选取的素材通常都是微小的。“在摄影中，最小的事物可以成为伟大的主题。”因而，他的相机对准的都是我们现实中可见的、熟悉的人和物，是他让我们发现，在这习以为常中有美和感动。

《男孩》(1958) 就体现了这种风格。它的题材并不重大，却是布列松的一幅脍炙人口的名作。一个男孩的两只手里，各抱一个大酒瓶，踌躇满志地走回家，好像完成了一个光荣而艰巨的任务。照片中的人物，情绪十分自然真实，显示出布列松熟练的抓拍功夫。

在布列松之前，摄影更多的是作为一门技术在发展，而布列松使摄影艺术成为自觉。任何大师都是可以被超越的，但有些人却是永远无法被忽略，布列松便是其一，甚至有些流派是通过批判他而形成的。

但赞同他也好，不赞同他也罢，有一点无可否认：布列松以自己的职业尊严感借给了世人一双慧眼，让人们在自己身边发现了从前不曾发现的美，而真正的美与尊严，无需阐释。

巴顿

小乔治·史密斯·巴顿（1885—1945），美国陆军的一位上将，以在第二次世界大战欧洲战场先后指挥美国陆军第 7 集团军和第 3 集团军而闻名。

巴顿于 1885 年出生在一个历史悠久的军人家庭中，他先进入维吉尼亚军事学校学习，之后入读西点军校。他参加了 1912 年夏季奥林匹克运动会现代五项的比赛，为 M1913 型军刀的设计者。

巴顿在潘乔维拉远征期间首次参与战斗，这也是最早的机械化作战实例之一。之后他加入了美国远征军新成立的坦克军团并参加第一次世界大战。巴顿在战争期间首度统领位于法国的美国坦克学校，不过到战争快要结束时因负伤而离职。在战间期间，巴顿一直是美国陆军装甲战学说发展的一个核心人物，在全国各地出任过众多职位。他的军衔不断得到提升，并在美国卷入第二次世界大战时成为美国第 2 装甲师的指挥官。

巴顿是一位充满传奇色彩的人物，他一生呈现出鲜明的个人性格特点，引起世人不同评论，很多人认为他是“一位统率大军的天才和最具进攻精神的先锋官”和“20 世纪的拿破仑”；但也有人认为他“勇猛有余，智谋不足”“骄傲自大，华而不实”。

军事学者指出：“作为统帅人物，巴顿将军的最大特点就是以他自己的尚武精神去激励部下，用他的个性去影响部下在战场上奋勇向前。”。他作战勇猛顽强，指挥果断，富于进攻精神，善于发挥装甲兵优势实施快速机动和远距离奔袭，被部下称为“血胆老将”。艾森豪威尔给巴顿下结论说，他有一种“非凡而又残酷的推动力”。英国亚历山大元帅评论说：“巴顿是一个推进器，随时准备去冒险，他应该生活在拿破仑战争年代——他会成为拿破仑手下一位杰出的元帅。”

克劳塞维茨

卡尔·菲利普·戈特弗里德·冯·克劳塞维茨（1780 年–1831 年），德国军事理论家和军事历史学家，是近代军事战略学的奠基人，普鲁士军队少将。

1792 年，他参加了普鲁士军队。1795 年晋升为军官，并自修了战略学、战术学和军事历史学。克劳塞维茨一生参加了四次著名战役：莱茵战役、奥斯塔德会战、法俄战争和滑铁卢战役。他的不朽兵学巨著《战争论》，是所有军人必读的兵学圣经，被称作西方军事思想的代表。他也因此被称作“西方兵圣”。

法国大革命、历次拿破仑战争和 19 世纪初欧洲各国人民的民族解放运动，对于克劳塞维茨世界观、军事观的形成，产生了决定性的影响。克劳塞维茨虽然对法国大革命持反对态度，但他同时也清楚地看出了这次革命在军事上引起的根本性变化，并对封建主义军事理论进行了尖锐的抨击。

克劳塞维茨研究了 1566 年–1815 年期间所发生过的 130 多次战争和征战，撰写了论述荷兰独立战争、古斯塔夫二世·阿道夫战争、路易十四战争、菲特烈二世战争、拿破仑战争、1812 年卫国战争、1813 年德意志解放战争等许多军事历史著作。克劳塞维茨的主要著作是《战争论》。

卡夫卡

弗兰兹·卡夫卡（1883—1924），奥地利小说家。卡夫卡是欧洲著名的表现主义作家。他生活在奥匈帝国行将崩溃的时代，又深受尼采、柏格森哲学影响，对政治事件也一直抱旁观态度，故其作品大都用变形荒诞的形象和象征直觉的手法，表现被充满敌意的社会环境所包围的孤立、绝望的个人。

他的文笔明净而想象奇诡，常采用寓言体，令 20 世纪各个写作流派纷纷追认其为先驱。

卡夫卡是捷克人，他是西方现代派文学的宗师和探险者，他的创作风格是表现主义，是表现主义作家中创作上最有成就者。他生活和创作的主要时期是在一战前后，当时，经济萧条，社会腐败，人民穷困，这一切使得卡夫卡终生生活在痛苦与孤独之中。于是，对社会的陌生感，孤独感与恐惧感，成了他创作的永恒主题。美国诗人奥登评价卡夫卡时说：“卡夫卡对我们至关重要，因为他的困境就是现代人的困境。

伦勃朗

伦勃朗·哈尔曼松·凡·莱因（1606 年 7 月 15 日—1669 年 10 月 4 日），是欧洲 17 世纪最伟大的画家之一，也是荷兰历史上最伟大的画家。伦勃朗的顶峰之作当属肖像画包括自画像以及取自圣经内容的绘画。他被称为“文明的先知”。

伦勃朗是荷兰 17 世纪的一位现实主义绘画巨匠。伦勃朗是以妻子为模特儿绘制出不朽之作的一位画家。不过，不能与鲁本斯显赫豪华的一生相比，伦勃朗只能说是半生富足，半生潦倒。在作品数量上他不能与鲁本斯的工场生产的 3000 幅甚至更多的数字相比，但传世之油画也达 600 幅之多。

柴可夫斯基

彼得·伊里奇·柴可夫斯基（1840—1893），十九世纪伟大的俄罗斯作曲家、音乐教育家，被誉为伟大的俄罗斯音乐大师。他的音乐是俄罗斯文化在艺术领域内的最高成就之一，其风格直接和间接地影响了很多后者，主要音乐作品有歌剧《叶甫根尼·奥涅金》《黑桃皇后》，芭蕾舞剧《天鹅湖》《胡桃夹子》《睡美人》，以及六部交响曲、三部钢琴协奏曲、小提琴协奏曲、幻想序曲有《罗密欧与朱丽叶》，音乐会序曲《1812》等。

在音乐创作上，柴科夫斯基很欣赏莫扎特，最爱听的是莫扎特的歌剧《唐璜》。对于瓦格纳音乐中的一些特性他却很反感，认为瓦格纳过于重视管弦乐队而忽略了声乐，柴科夫斯基主张用现实主义手法来表现歌剧，主导动机只用于描写心理感情等内在方面。

柴可夫斯基的旋律纯属俄罗斯风格，凄绝美艳，虽然难免与人以窠臼的感觉，却带着一抹悲伤的感情，就好像寡妇夜半的哀哀啼泣。

柴科夫斯基是在 19 世纪 60 年代中期俄国革命民主主义思想高涨时期走上创作道路的，60 年代的进步社会思潮给柴可夫斯基以积极的影响。尽管他在政治观点上是比较保守的，但他一生在思想上和美学观点上保持了 60 年代的进步传统。

就体裁而论，柴科夫斯基是一位涉及范围广泛的作曲大师。他在交响曲、歌剧、芭蕾舞剧、协奏曲、音乐会序曲、室内乐以及声乐浪漫曲等方面都留下了大量名作。

亚当·斯密

亚当·斯密（1723—1790），是经济学的主要创立者。他的主要理论有：分工理论、货币理论、价值理论、分配理论、资本积累理论以及财税理论。

亚当·斯密的经济思想体系结构严密，论证有力，使经济思想学派在几十年内就被抛弃了。实际上亚当·斯密把他们所有的优点都吸入进了自己的体系，同时也系统地披露了他们的缺点。

亚当·斯密的接班人，包括像托马斯·马尔萨斯和大卫·李嘉图这样著名的经济学家对他的体系进行了精心的充实和修正（没有改变基本纲要），今天被称为“经典经济学体系”。

虽然现代经济学说又增加了新的概念和方法，但这些大体说来是经典经济学的自然产物。在一定意义上来说，甚至卡尔·马克思的经济学说（自然不是他的政治学说）都可以看作是经典经济学说的继续。

贝利

贝利（1940—），出生在巴西的一个贫寒家庭，是 20 世纪最伟大的体育明星之一，被国际足联授予“球王”称号。

在职业生涯总共攻进惊人的 1283 个球（正式进球 700 多个），一生中获得过无数荣誉，创造过无数纪录的贝利曾 4 次代表巴西国家队出战世界杯，共打进 12 球，其中在世界杯决赛打进 3 球，3 次捧得世界杯（第 6、7、9 届）。为祖国巴西永久保留雷米特杯。1980 年被欧美 20 多家媒体记者评为 20 世纪最杰出的运动员之首。

1987 年 6 月他被授予国际足联金质勋章，1999 年被国际奥运委员会选举为“世纪运动员”，2004 年国际足联百年庆典他与“足球皇帝”贝肯鲍尔共同获得 FIFA 世纪最佳球员和足球名人大奖。

心灵修养用语微解

联想：由于某人或某种事物而想起其他相关的人或事物。

盲从：比喻自己没有主见，没有原则，没有见地，随着别人说话，做事。

阻碍：指阻挡住，使不能顺利通过或发展，也就是起阻碍作用的事物。

洒脱：形容非常潇洒、豪放，无拘无束，举止或行动自然，不受拘束。

灵感：也叫灵感思维，指文艺、科技活动中瞬间产生的富有创造性的突发思维状态。

细节： 细小的环节或情节。例：农村家庭生活的细节；琐碎而不重要的小节要注意细节。

淘汰：1. 淘洗，去除杂质；2. 在选择中去除（不好的或不合适的）；3. 体育运动比赛方式之一。

羁绊：羁：约束。绊：行走时被别的东西挡住或缠住，引申为束缚或牵制。在中国通常表示被某事某人束缚住了。

权威：1. 权力，威势；2. 使人信从的力量和威望；3. 统治，威慑；4. 在某种范围里最有地位的人或事物；5. 权威就是对权力的一种自愿的服从和支持。

创新：是指科技上的发明、创造。后来意义发生推广，用于指代在人的主观作用推动下产生所有以前没有的设想、技术、文化、商业或者社会方面的关系。也指自然科学的新发现。

执念： 是一种态度，对待自己，对待他人，对待社会，对待生命的态度。是个人存在的证明，是个人判断善恶好坏的唯一标准。对某物、某人或某事特别执著，当执著过分的时候就会有怨念。没有执念的人没有标准。

内涵： 是一种抽象的感觉，是某个人对一个人或某件事的一种认知感觉，内涵不是广义的，是局限在某一特定人对待某一人或某一事的看法。内涵不是表面上的东西，而是内在的、隐藏在事物深处的东西，需要探索、挖掘才可以看到。

净化： 净化是指清除不好的或不需要的杂质，使物品达到纯净的程度。概述在一定空间范围内，将空气中的微粒子、有害空气、细菌等污染物排除，并将室内温度、洁净度、压力、气流速度与气流分布、噪声振动及照明、静电控制在某一需求范围内的工程学科。

平常心： 具体表现为对自己做任何事的成功和失败的概率有准确的预测。二是既积极主动，尽力而为，又顺其自然，不苛求事事完美。有从容淡定的自信心。做好每天要做的事情，享受生活，享受做好每一件事情所带来的快乐，就会有足够的力量承担一旦到来的挫折和痛苦。

学以致用： 为了实际应用而学习。

轻言放弃： 指做一件事的时候，还没努力还没去尝试，就因为不自信或胆怯而放弃了。

取长补短： 吸取别人的长处，来弥补自己的不足之处。 也泛指在同类事物中吸取这个的长处来弥补那个的短处。

人生价值： 人生价值是人生观体系中的一个重要的范畴，价值“具体”在人生观领域中表现。在一定意义上，人生的价值是人生的意义，评估人生“价值量”大小，可以理解人生的意义如何，理解人生意义大小。

思维定势： 也称“惯性思维”，是由先前的活动而造成的一种对活动的特殊的心理准备状态，或活动的倾向性。在环境不变的条件下，定势使人能够应用已掌握的方法迅速解决问题。而在情境发生变化时，它则会妨碍人采用新的方法。消极的思维定势是束缚创造性思维的枷锁。